新一代
人工智能通识课程
系列教材

人工智能应用基础

主　编

周　朕　周安众　陈　鸣　王世峰

副主编

肖卓宇　刘鑫阳　李　超　王方晓　郭　艳

中国教育出版传媒集团
高等教育出版社·北京

内容简介

本书为新一代人工智能通识课程系列教材之一,也是新形态一体化教材,参考教育部发布的《高等职业教育专科信息技术课程标准(2021年版)》编写。

本书采用"项目式"结构编排,内容覆盖人工智能基础、技术核心及应用实践三大领域,设计了16个实践项目。项目采取"项目描述—项目分析—相关知识—项目实施—项目拓展—项目小结—项目练习"的结构,通过清晰界定的项目目标,引导学生在解决具体问题的过程中深入掌握核心知识与技能。内容广泛涉及人工智能的基本概念、机器学习与深度学习的基本原理、人工神经网络的架构、计算机视觉技术、自然语言处理技术;同时,深入探讨了生成式人工智能的最新进展,特别是大模型技术及其在文本、图像、视频生成领域的广泛应用。此外,本书还着重展示了这些前沿技术在教育、工作、生活等多个实际场景中的应用案例,从而提升学习的实用性,增强学习的趣味性。

本书配有微课视频、教学PPT、电子教案、习题参考答案等丰富的数字化学习资源。与本书配套的数字课程"人工智能应用基础"在"智慧职教"平台(www.icve.com.cn)上线,读者可登录平台在线学习,授课教师可调用本课程构建符合自身教学特色的SPOC课程,详见"智慧职教"服务指南。授课教师如需获得本书配套教辅资源,请登录"高等教育出版社产品信息检索系统"(xuanshu.hep.com.cn)搜索下载。

本书可作为高等职业院校"人工智能应用基础"公共基础课程教材,助力学生掌握人工智能的一定理论基础,培养解决实际问题的能力,为未来职业生涯中的技术创新与应用播下人工智能的种子。

图书在版编目(CIP)数据

人工智能应用基础 / 周朕等主编. -- 北京:高等教育出版社,2025.2. -- (新一代人工智能通识课程系列教材). -- ISBN 978-7-04-064406-7

Ⅰ. TP18

中国国家版本馆CIP数据核字第2025ZY3704号

Rengong Zhineng Yingyong Jichu

| 策划编辑 | 傅 波 | 责任编辑 | 傅 波 | 封面设计 | 王 洋 | 版式设计 | 杜微言 |
| 责任绘图 | 马天驰 | 责任校对 | 张 薇 | 责任印制 | 刘思涵 | | |

出版发行	高等教育出版社	网 址	http://www.hep.edu.cn
社 址	北京市西城区德外大街4号		http://www.hep.com.cn
邮政编码	100120	网上订购	http://www.hepmall.com.cn
印 刷	高教社(天津)印务有限公司		http://www.hepmall.com
开 本	787mm×1092mm 1/16		http://www.hepmall.cn
印 张	13.5		
字 数	310千字	版 次	2025年2月第1版
购书热线	010-58581118	印 次	2025年2月第1次印刷
咨询电话	400-810-0598	定 价	39.80元

本书如有缺页、倒页、脱页等质量问题,请到所购图书销售部门联系调换
版权所有 侵权必究
物料号 64406-00

"智慧职教"服务指南

"智慧职教"（www.icve.com.cn）是由高等教育出版社建设和运营的职业教育数字教学资源共建共享平台和在线课程教学服务平台，与教材配套课程相关的部分包括资源库平台、职教云平台和App等。用户通过平台注册，登录即可使用该平台。

● **资源库平台**：为学习者提供本教材配套课程及资源的浏览服务。

登录"智慧职教"平台，在首页搜索框中搜索"人工智能应用基础"，找到对应作者主持的课程，加入课程参加学习，即可浏览课程资源。

● **职教云平台**：帮助任课教师对本教材配套课程进行引用、修改，再发布为个性化课程（SPOC）。

1. 登录职教云平台，在首页单击"新增课程"按钮，根据提示设置要构建的个性化课程的基本信息。

2. 进入课程编辑页面设置教学班级后，在"教学管理"的"教学设计"中"导入"教材配套课程，可根据教学需要进行修改，再发布为个性化课程。

● **App**：帮助任课教师和学生基于新构建的个性化课程开展线上线下混合式、智能化教与学。

1. 在应用市场搜索"智慧职教icve"App，下载安装。

2. 登录App，任课教师指导学生加入个性化课程，并利用App提供的各类功能，开展课前、课中、课后的教学互动，构建智慧课堂。

"智慧职教"使用帮助及常见问题解答请访问help.icve.com.cn。

前　言

随着科技的飞速发展，人工智能已渗透到社会的各个领域，成为推动产业升级和转型的关键力量。高职学生作为未来职场的主力军，掌握一定的人工智能基础知识与应用技能，不仅能提升就业竞争力，还能有助于在工作中更好地适应和利用新技术，提高工作效率和创新能力。通过公共课的形式普及人工智能知识，可以确保每位学生都能获得这一前沿领域的启蒙教育，为他们的职业生涯奠定坚实的基础。此外，"人工智能应用基础"课程还能有效培养学生的逻辑思维、数据分析及问题解决能力。这些能力是现代社会对高素质技能人才的基本要求，也是学生实现个人发展和终身学习的重要支撑。将人工智能融入公共课程体系，能够激发学生对科技的兴趣，引导他们主动探索未知领域，培养跨学科的学习习惯和创新能力。这不仅有助于拓宽学生的知识视野，还能促进他们综合素质的全面提升，为培养适应未来社会需求的复合型人才提供有力保障。

2021年4月，教育部颁布了《高等职业教育专科信息技术课程标准（2021年版）》，明确提出了信息技术课程的教学目标和内容要求，强调了人工智能教育的重要性。本书正是在这一背景下，结合高职院校学生的实际需求和未来发展趋势编写而成。通过系统性的教学内容和实践项目，帮助学生建立起对人工智能技术的全面认识，同时培养他们运用这些技术解决实际问题的能力。本书的编写团队由多位在人工智能领域具有丰富教学和实践经验的教师组成，他们结合多年的教学经验，精心设计了适合高职学生学习特点的课程内容。通过本书的学习，学生不仅能够掌握人工智能的基础知识，还能在项目实践中锻炼创新思维和实践技能，为未来的职业生涯做好充分的准备。

全书采用"项目式"教学法进行结构化编排，内容覆盖人工智能基础、技术核心及应用实践三大领域，分为基础篇、技术篇和应用篇，精心设计了16个实践项目。基础篇着重阐述人工智能的原理、发展趋势及其对社会的影响；技术篇则深入探讨机器学习与深度学习、人工神经网络、计算机视觉、自然语言处理、生成式人工智能及大模型等关键技术的基础理论与运行机制；应用篇则以生成式人工智能的应用为核心，重点探讨了文本生成、图像生成以及视频生成等方面的应用实践。

本书注重落实立德树人根本任务，借助具体案例与技术应用，引领新时代青年在技术发展中遵章守纪，坚守道德底线，共促人工智能应用的健康和谐发展。在创新思维培养方面，通过设计协会Logo等活动，增强学生团队的荣誉感，鼓励创新尝试；并展示AI在内容创作、文档分析等领域的广泛应用，激发学生的探索热情。在实践能力提升上，引入AI生成个人数字形象技术，激励学生不断学习新技能；同时，通过制作家庭回忆视频、静态文物动态化等实践，强化学生对家庭的情感联结，增进文物保护意识与文化自信。书中案例还融入大学生创业政策、湖湘文化、体育运动、家庭维修等元素，使学生在学习AI技术的同时，深刻感知国家政策、历史文化、运动价值及家庭情感。

本书可作为高等职业院校"人工智能应用基础"公共基础课程教材，建议32～48课时，理论讲授和实验课时的比例可安排为1∶1。本书采用新形态一体化设计，配套了丰富的数字化教学资源，包括微课视频、教学PPT、电子教案、习题参考答案等。

本书由周朕、周安众、陈鸣、王世峰担任主编，肖卓宇、刘鑫阳、李超、王方晓、郭艳担任副主编，何杰胜、刘阳、李俊成、杨丽莎、伍添秀、祝旭、孔岚、邓丽君、何勇波参编。全书由周朕、周安众、陈鸣、王世峰统稿并定稿。具体编写分工如下：项目1由肖卓宇、王世峰编写；项目2和项目3由周安众、李俊成编写；项目4和项目5由杨丽莎、刘阳编写；项目6和项目7由何杰胜、何勇波编写；项目8和项目9由周朕、陈鸣编写；项目10和项目11由李超、伍添秀编写；项目12由祝旭、邓丽君编写；项目13和项目14由刘鑫阳、郭艳编写；项目15和项目16由王方晓、孔岚编写。

在本书的编写过程中，参考了众多参考文献，并吸纳了丰富的相关素材，从中汲取了无尽的智慧与灵感，对此向所有文献及素材的作者致以最深的敬意与诚挚的感谢。此外，深度融入产教融合理念，获得了湖南强智科技、科大讯飞、拓维信息等众多企业的鼎力支持，这些企业不仅为我们提供了宝贵的实践案例与实施素材，还以其丰富的行业经验为本书的编写增添了生动与深度。

鉴于编者能力所限，书中难免存在疏漏与不足之处，请广大读者及业内专家不吝赐教。

编　者
2024年12月

目 录

基础篇

项目1　人工智能概述 / 3

1.1　项目描述 / 3
1.2　项目分析 / 3
1.3　相关知识 / 3
　　1.3.1　人工智能简介 / 4
　　1.3.2　人工智能发展的三次浪潮 / 4
　　1.3.3　人工智能的主要研究领域 / 5
　　1.3.4　人工智能的未来趋势 / 9
　　1.3.5　人工智能的社会影响 / 11
1.4　项目实施 / 12
1.5　项目拓展 / 15
1.6　项目小结 / 16
1.7　项目练习 / 16

技术篇

项目2　机器学习与深度学习 / 21

2.1　项目描述 / 21
2.2　项目分析 / 21
2.3　相关知识 / 22
　　2.3.1　人工智能的子类 / 22
　　2.3.2　数据的表示方法 / 24
　　2.3.3　学习的过程 / 26
　　2.3.4　监督学习 / 27
　　2.3.5　无监督学习 / 30
2.4　项目实施 / 31
2.5　项目拓展 / 36
2.6　项目小结 / 36
2.7　项目练习 / 36

项目3　人工神经网络 / 38

3.1　项目描述 / 38
3.2　项目分析 / 38
3.3　相关知识 / 38
　　3.3.1　生物神经网络 / 39
　　3.3.2　单层人工神经网络 / 39
　　3.3.3　深层神经网络 / 42
3.4　项目实施 / 45
3.5　项目拓展 / 47
3.6　项目小结 / 47
3.7　项目练习 / 47

项目4　计算机视觉 / 49

4.1　项目描述 / 49
4.2　项目分析 / 49
4.3　相关知识 / 49
　　4.3.1　模式检测 / 49
　　4.3.2　卷积神经网络 / 53

4.3.3　目标检测 / 57
4.4　项目实施 / 62
4.5　项目拓展 / 64
4.6　项目小结 / 65
4.7　项目练习 / 65

项目5　自然语言处理 / 67

5.1　项目描述 / 67
5.2　项目分析 / 67
5.3　相关知识 / 67
　　5.3.1　文本表示 / 68
　　5.3.2　文本分类 / 72
　　5.3.3　机器翻译 / 73
5.4　项目实施 / 77
5.5　项目拓展 / 78
5.6　项目小结 / 79
5.7　项目练习 / 79

项目6　生成式人工智能 / 81

6.1　项目描述 / 81
6.2　项目分析 / 81
6.3　相关知识 / 81
　　6.3.1　生成式模型 / 81
　　6.3.2　图像生成 / 89
　　6.3.3　图像描述 / 94
6.4　项目实施 / 97
6.5　项目拓展 / 98
6.6　项目小结 / 98
6.7　项目练习 / 99

项目7　大模型 / 100

7.1　项目描述 / 100
7.2　项目分析 / 100
7.3　相关知识 / 100
　　7.3.1　大模型的发展 / 101
　　7.3.2　大模型的分类 / 101
　　7.3.3　大模型技术 / 102
　　7.3.4　大模型应用 / 105
7.4　项目实施 / 109

7.5　项目拓展 / 110
7.6　项目小结 / 111
7.7　项目练习 / 111

应用篇

项目8　制作"个人简介"演示文稿 / 115

8.1　项目描述 / 115
8.2　项目分析 / 115
8.3　相关知识 / 115
　　8.3.1　"讯飞智文"简介 / 115
　　8.3.2　"演示文稿"简介 / 117
8.4　项目实施 / 117
8.5　项目拓展 / 121
8.6　项目小结 / 121
8.7　项目练习 / 121

项目9　撰写旅游攻略 / 123

9.1　项目描述 / 123
9.2　项目分析 / 123
9.3　相关知识 / 123
　　9.3.1　什么是提示词 / 123
　　9.3.2　如何写好提示词 / 124
9.4　项目实施 / 124
9.5　项目拓展 / 129
9.6　项目小结 / 131
9.7　项目练习 / 131

项目10　创作短视频剧本 / 132

10.1　项目描述 / 132
10.2　项目分析 / 132
10.3　相关知识 / 132
　　10.3.1　湖湘文化背景知识 / 132
　　10.3.2　短视频剧本编写技巧 / 133
10.4　项目实施 / 133
10.5　项目拓展 / 138
10.6　项目小结 / 138
10.7　项目练习 / 139

项目 11　充当家庭日常生活维修师 / 141

11.1　项目描述 / 141
11.2　项目分析 / 141
11.3　相关知识 / 141
11.4　项目实施 / 142
11.5　项目拓展 / 144
11.6　项目小结 / 144
11.7　项目练习 / 144

项目 12　提取文档摘要 / 146

12.1　项目描述 / 146
12.2　项目分析 / 146
12.3　相关知识 / 146
　　12.3.1　"文心一言"简介 / 146
　　12.3.2　大学生创业简介 / 147
12.4　项目实施 / 147
12.5　项目拓展 / 151
12.6　项目小结 / 151
12.7　项目练习 / 151

项目 13　制作人工智能协会 Logo / 153

13.1　项目描述 / 153
13.2　项目分析 / 153
13.3　相关知识 / 154
　　13.3.1　即梦 AI 平台介绍 / 154
　　13.3.2　即梦 AI 功能介绍及亮点 / 154
　　13.3.3　即梦 AI 界面介绍 / 158
　　13.3.4　即梦 AI 的图片生成流程 / 159
13.4　项目实施 / 160
13.5　项目拓展 / 165
13.6　项目小结 / 165
13.7　项目练习 / 165

项目 14　生成个人数字形象 / 167

14.1　项目描述 / 167
14.2　项目分析 / 167
14.3　相关知识 / 168
　　14.3.1　标准描述词的书写 / 168
　　14.3.2　即梦 AI 参数简介 / 169
　　14.3.3　即梦 AI 编辑与优化 / 170
14.4　项目实施 / 172
14.5　项目拓展 / 177
14.6　项目小结 / 178
14.7　项目练习 / 178

项目 15　让尘封的记忆动起来 / 180

15.1　项目描述 / 180
15.2　项目分析 / 180
15.3　相关知识 / 181
　　15.3.1　人工智能生成视频的发展与应用 / 181
　　15.3.2　视频基础概念 / 181
　　15.3.3　人工智能生成视频技巧 / 182
　　15.3.4　即梦 AI 视频生成流程 / 183
　　15.3.5　人工智能生成视频的未来趋势 / 185
15.4　项目实施 / 186
15.5　项目拓展 / 191
15.6　项目小结 / 191
15.7　项目练习 / 191

项目 16　让历史文物活灵活现 / 193

16.1　项目描述 / 193
16.2　项目分析 / 193
16.3　相关知识 / 193
　　16.3.1　可灵 AI 平台介绍 / 193
　　16.3.2　可灵 AI 视频功能介绍 / 193
　　16.3.3　可灵 AI 视频生成流程 / 197
16.4　项目实施 / 197
16.5　项目拓展 / 202
16.6　项目小结 / 202
16.7　项目练习 / 202

参考文献 / 205

基础篇

项目1　人工智能概述

1.1　项目描述

小红是一名活跃的社交媒体用户，她每天都会在手机上浏览各种新闻、视频和社交媒体帖子。最近，她注意到社交媒体平台上的内容推荐变得越来越"懂她"，无论是娱乐新闻、时尚穿搭还是健康养生，都能精准地将她感兴趣的内容推送给她。原来，这背后是人工智能算法根据小红的浏览历史、点赞、评论等行为数据，进行的个性化内容推荐。小红享受着这种个性化推荐带来的便利，但同时也开始担心起背后的问题。她意识到，这种推荐机制虽然提高了用户体验，但也可能导致她陷入"信息茧房"，即只接触与自己观点相符或兴趣相投的信息，而忽略了其他多元的声音和观点。此外，她还担心人工智能算法可能存在的偏见问题，比如是否会因为某些社会群体的数据不足或受到偏见影响，导致其声音被忽视或边缘化。

1.2　项目分析

社交媒体上的内容推荐，其背后所依托的个性化推荐技术，正是人工智能领域中的一个核心应用。这项技术通过深度分析小红的浏览历史、点赞与评论等大数据，精准捕捉她的兴趣爱好，从而为她量身定制推送内容，让用户体验得到了显著提升。然而，这也引发了关于"信息茧房"及算法偏见的思考，提醒人们在享受人工智能带来的便利时，需警惕其潜在的负面影响。因此，小红面临的不仅是技术应用的问题，更是对新时代青年如何在技术发展中保持清醒头脑，坚守道德底线，促进网络空间健康、公正、和谐发展的深刻启示。通过学习人工智能可以较好地解答小红的疑惑。

1.3　相关知识

社交媒体利用人工智能个性化推荐技术，基于用户行为数据推送定制内容，提升用户体验。但这可能引发"信息茧房"问题，限制用户视野。同时，人工智能算法偏见问题也需关注，以避免某些群体声音被忽视。为此，需要进一步通过学习人工智能技术去发现问题，并解决问题。

微课1-1：
人工智能简
介与发展

1.3.1 人工智能简介

1956年夏季的美国达特茅斯,以麦卡锡、明斯基、罗切斯特和香农等为首的一批有远见卓识的年轻学者举行了一次会议,共同研究和探讨用机器模拟智能的一系列相关问题,并首次提出了"人工智能"(Artificial Intelligence,AI)这一术语,标志着"人工智能"这门新兴学科的正式诞生。人工智能是研究、开发用于模拟、延伸和扩展人类智能的理论、方法、技术及应用系统的一门新兴技术科学。

信息化时代,人工智能是一门极具挑战性的学科,从事人工智能工作的人需要了解数学、控制论、计算机科学、信息论、心理学、哲学等相关交叉学科的知识。人工智能致力于了解智能的实质,并生产出一种新的、能以与人类智能相似的方式做出反应的智能机器。该领域的研究包括大模型、机器人、自动驾驶、知识图谱、语音识别、图像识别、自然语言处理和专家系统等。

1.3.2 人工智能发展的三次浪潮

人工智能自1956年的达特茅斯会议上被首次提出,60多年以来,历经逻辑推理、专家系统、深度学习等技术的发展,社会对人工智能的兴趣与期待也几经沉浮。总体而言,人工智能的发展历史上共出现过三次重要的发展浪潮。

1. 第一次浪潮(1956—1974年):人工智能思潮赋予机器逻辑推理能力

伴随着"人工智能"这一新兴概念的兴起,人们对人工智能的未来充满了想象,人工智能迎来第一次发展浪潮。这一阶段,人工智能主要用于解决代数、几何问题,以及学习和使用英语程序,研发主要围绕机器的逻辑推理能力展开。其中20世纪60年代自然语言处理和人机对话技术的突破性发展,大大地提升了人们对人工智能的期望,也将人工智能带入了第一波高潮。

2. 第二次浪潮(1980—1987年):专家系统使人工智能实用化

最早的专家系统是1968年由费根鲍姆研发的DENDRAL系统,可以帮助化学家判断某特定物质的分子结构;DENDRAL首次对知识库提出定义,也为第二次人工智能发展浪潮埋下伏笔。自20世纪80年代起,特定领域的"专家系统"人工智能程序被更广泛地采纳,该系统能够根据领域内的专业知识,推理出专业问题的答案,人工智能也由此变得更加"实用",专家系统所依赖的知识库系统和知识工程成为当时主要的研究方向。

3. 第三次浪潮(1993年至今):深度学习助力感知智能步入成熟

不断提高的计算机算力加速了人工智能技术的迭代,也推动感知智能进入成熟阶段,人工智能与多个应用场景结合落地、产业焕发新生机。2006年深度学习算法的提出、2012年AlexNet在ImageNet训练集上图像识别精度取得重大突破,直接推升了新一轮人工智能发展的浪潮。2016年,AlphaGo打败围棋职业选手后,人工智能再次收获了空前的关注。从技术发展角度来看,前两次浪潮中人工智能逻辑推理能力不断增强、运算智能逐渐成熟,智能能力由运算向感知方向拓展。目前语音识别、语音合成、机器翻译等感知技术的能力都已经接近人类智能。此外，大模型的兴起，特别是基于Transformer的GPT、BERT等预训练模型，引领人工智能进入新纪元。大模型促进了人工智能与多行业深度融合，为智能制造、医疗、自动驾驶、金融、教育等领域带来变革。

1.3.3 人工智能的主要研究领域

人工智能作为一门模拟和延伸人类智能的科学，其研究领域广泛且深入。以下是对人工智能主要研究领域的详细阐述。

1. 感知能力

感知能力是人工智能的基础，主要包括视觉和听觉两大方面。尽管理论上还应包括触觉、嗅觉等，但由于技术限制和实际应用场景，这些方面的研究相对较少。

计算机视觉是研究如何让机器"看"的科学，它利用摄影机和计算机代替人眼对目标进行识别、跟踪和测量等。这一领域涉及图像处理、模式识别、机器学习等多个技术，旨在使计算机能够从图像或视频中提取有用信息，并进一步地分析和理解。计算机视觉在自动驾驶、医疗影像分析、安防监控等领域有着广泛的应用。例如，如图1-1所示为计算机视觉的汽车目标检测场景。

微课1-2：
人工智能的主要研究领域

图1-1　计算机视觉的汽车目标检测

语音识别是另一种重要的感知能力，它解决的是从任意嘈杂的环境声音中识别出特定声音的问题。语音识别技术已经相对成熟，并广泛应用于智能手机、智能家居、语音助手等领域。随着技术的不断进步，语音识别的准确率和健壮性不断提高，为人们带来了更加便捷的人机交互体验。例如，设想在驾车途中，驾驶员只需轻轻一句"打电话给妈妈"，智能手机便立刻响应，无须分心操作屏幕，安全又便捷。这正是语音识别技术在智能手机上的典型应用。通过内置的语音助手，用户可以轻松实现拨打电话、发送短信、查询天气、设置闹钟等多种操作，极大地提升了手机使用的便捷性和行车的安全性，如图1-2所示。

图 1-2 车载语音识别

2. 自然语言处理（Natural Language Processing，NLP）

自然语言处理是人工智能领域的一个重要分支，它研究的是如何让计算机理解和生成人类语言。自然语言处理的研究范围广泛，包括语音转文字、文字转语音、文本语义抽取、文本情感分析、文本分类、语法分析等。这些技术为机器翻译、智能客服、智能写作等领域提供了强大的支持。例如，设想一位中国游客在巴黎的街头，通过手机上的翻译应用软件，轻松地将自己说的中文转换为流利的法语，瞬间与当地人建立了沟通的桥梁。这背后，正是自然语言处理技术在机器翻译领域的精妙应用。通过分析源语言文本的语义、语法结构，并结合庞大的语言模型和翻译规则，自然语言处理软件能够自动生成准确、流畅的目标语言文本，实现不同语言之间的无缝转换，极大地促进了全球信息的交流与共享，如图 1-3 所示。

图 1-3 机器翻译

3. 推理与决策

推理与决策能力是人工智能的核心能力之一。它涉及基于知识的自动推理、规划、决策等多方面。

自动推理是基于知识的推理过程，它利用已有的知识库和推理规则，通过逻辑推理得到新的结论或解决方案。自动推理在专家系统、医疗智能诊断等领域有着广泛的应用。例如，在智能诊断系统中，集成了海量的医学知识、疾病症状、治疗方案等信息。当医生输入患者的症状描述时，系统能够迅速启动自动推理引擎，首先对患者的症状进行分类与识别，随后在知识库中搜索可能的疾病类型。通过复杂的逻辑推理，系统能够排除不可能的选项，逐步缩小诊断范围，最终提出最可能的疾病诊断及相应的治疗方案。这一过程不仅提高了诊断的准确性和效率，还为医生提供了宝贵的辅助决策支持，促进了医疗水平的提升。

规划能力是指机器在给定目标和约束条件下，通过规划算法找到实现目标的最佳路径或策略。这一能力在机器人导航、自动驾驶等领域至关重要。例如，自动驾驶汽车需要实时处理来自传感器（如激光雷达、摄像头等）的复杂数据，识别道路、车辆、行人等交通参与者，并预测它们的后续行为。在此基础上，自动驾驶系统需要制定出既符合交通规则又兼顾安全与效率的行驶策略，包括车道保持、变道超车、避让行人、处理交通信号灯等。

4. 多智能体系统

多智能体系统是指由多个智能体（如机器人、智能软件等）组成的系统，这些智能体之间可以相互通信、协作以共同完成任务。多智能体系统的研究涉及智能体之间的交互、协作、冲突解决等多方面。强化学习是多智能体系统领域的核心问题之一，它通过让智能体在与环境的交互中不断学习优化策略来实现目标。例如，无人机编队表演，数百架无人机协同飞行，精准编排出复杂图案，展现高度协同与智能。此外，无人机编队表演还常常融入创意元素，致敬时代精神。例如在一次纪念活动中，无人机编队以动态光影的形式再现了历史上的重要时刻，从宏伟的历史建筑到英勇的战士形象，每一个细节都栩栩如生，让人仿佛穿越时空，亲身经历了那段辉煌的历史。这样的表演不仅展示了无人机编队的艺术表现力，更传递了深刻的文化内涵和时代精神，这是典型的多智能体协同的应用。

5. 机器学习

机器学习是人工智能的一个重要分支，它研究的是如何让计算机从数据中自动学习并改进其性能。机器学习包括监督学习、无监督学习、半监督学习等多种学习方式。通过机器学习，计算机可以自动发现数据中的规律和模式，并据此进行预测和决策。机器学习在图像识别、语音识别、自然语言处理等领域取得了显著的成果。

6. 深度学习

深度学习是机器学习的一种重要方法，它通过构建深层神经网络来模拟人脑的学习过程。深度学习在图像识别、语音识别、自然语言处理等领域取得了突破性的进展。随着计算能力的提升和数据量的增加，深度学习技术正在不断发展和完善，例如其可应用于针对图片或视频中物体的目标检测等。

7. 生成式人工智能

近年来，生成式人工智能（如文心一言、讯飞星火等）引发了广泛关注。生成式人工智能通过预训练大模型和生成式对抗网络（Generative Adversarial Networks，GAN）等技术，能够生成文本和逼真的图像、音频等内容。这些技术为内容创作、设计、研发等带来了新的变革和机遇。例如，在文学创作领域，生成式人工智能正逐步展现其非凡的创造力。以文心一言为例，它能够根据用户输入的关键词或主题，迅速生成连贯且富有创意的文章段落，甚至能够模仿不同作家的风格进行创作。这不仅为作家提供了灵感源泉，也为内容创作者提供了高效的生产工具，极大地丰富了文化市场的多样性。

8. 人工智能伦理和安全

随着人工智能技术的不断发展和应用,其伦理和安全问题也日益凸显。人工智能伦理关注的是如何确保人工智能技术的公平、透明和可解释性;人工智能安全则关注如何防止人工智能系统被恶意攻击或滥用。这些问题需要政府、企业、科研机构和社会各界共同努力来解决。例如,自动驾驶汽车的安全性直接关系到乘客与行人的生命安全。然而,近年来已有多起自动驾驶系统被黑客攻击的案例被报道。黑客通过远程控制车辆系统,实施恶意操作,如突然改变行驶路线、干扰制动系统等,严重威胁到道路交通安全。这一实例警示人们,人工智能安全不仅是技术问题,更是涉及公共安全与人们生命安全的重大问题,需要构建全方位的安全防护体系。

9. 具身智能

具身智能是人工智能的一个发展领域,指一种智能系统或机器能够通过感知和交互与环境进行实时互动的能力。可以简单理解为各种不同形态的机器人,让它们在真实的物理环境下执行各种各样的任务,来完成人工智能的进化过程,如图1-4所示。具身智能可使人工智能"活"起来,让机器人不仅能思考,还能感知环境、与实物互动。例如,家里的扫地机器人能聪明地避开障碍,自动规划路线;医院里的手术机器人能精准操作,辅助医生完成复杂手术。这些都是具身智能的实际应用,它们像有了"生命"一样,在真实世界里灵活完成任务,推动着人工智能不断向前发展,让人们的未来生活更加智能、便捷。

图1-4 杜甫机器人

10. 其他研究领域

除了上述主要研究领域外,人工智能还涉及许多其他领域的研究,如机器人技术、知识表示与推理、数据挖掘与知识发现等。这些领域的研究为人工智能技术的进一步发展和应用提供了重要的支撑和保障。

人工智能的研究领域广泛且深入,涵盖了感知能力、自然语言处理、推理与决策、多智能体系统、机器学习、深度学习、生成式人工智能,以及人工智能伦理和安全等多方面。随着技术的不断进步和应用场景的不断拓展,人工智能将在更多领域发挥重要作用并推动社会进步和发展。

1.3.4 人工智能的未来趋势

1. 量子计算与人工智能的结合

随着量子计算技术的不断突破,其与人工智能的结合成为未来发展的重要趋势。量子计算以其独特的量子叠加和量子纠缠等特性,有望为机器学习算法提供前所未有的加速和优化能力。量子AI通过利用量子计算机的特殊性质,可以加速数据处理和模型训练过程,实现更高效、更准确的人工智能应用。例如,量子人工智能可以在药物发现、材料科学等领域实现更快速的模拟和预测,推动科学研究的进步。图1-5所示为我国自主研发的"九章三号"量子计算机。

微课1-3:
人工智能的
未来趋势

图1-5 "九章三号"量子计算机

2. 生物启发式计算与人工智能结合

生物启发式计算是一种受生物系统启发的计算方法,如人工神经网络、进化算法等。未来,生物启发式计算将继续为人工智能技术的发展提供新的思路和方法。通过模拟蚁群、鱼群等生物系统的复杂性和适应性,生物启发人工智能可以设计出更加灵活、智能的算法和模型。例如,利用进化算法优化人工智能模型的参数和结构,可以提高模型的适应性和泛化能力;而模拟生物神经网络的深度学习模型,则可以更好地处理复杂的数据和任务。例如,基于遗传算法的人工智能药物研发,模拟自然进化过程优化分子结构,加速新药研发,提高药物疗效与安全性,展现生物启发式计算与人工智能深度融合的创新潜力。

3. 可解释性人工智能与强化学习

当前很多AI模型的工作方式并不透明,难以解释其决策过程,这给人工智能的广泛应用带来了挑战。未来,可解释性人工智能将成为一个重要的研究方向,旨在提高AI系统的透明度和可信度。通过引入可解释性机制,人工智能模型能够清晰地展示其决策过程和依据,从而增强用户对人工智能的信任感。同时,强化学习作为一种让智能体通过与环境的交互学习最优决策的方法,也将成为人工智能领域的一个重要发展方向。通过强化学习,AI系统能够不断试错和优化,实现更加自主和智能的决策。例如,电商推荐系统利用可解释性技术,解释强化学习模型的商品推荐逻辑,提高用户信任度与满意度,同时优化库存管理和销售策略,实现个性化与效益的双重提升。

4. 联邦学习 (Federated Learning) 与数据隐私

在数据隐私和安全性日益受到重视的今天,联邦学习技术将成为解决这一问题的关键手段。联邦学习允许在不共享数据的情况下训练机器学习模型,从而保护用户数据的隐私和安全。通过分布式学习机制,联邦学习能够利用分布在多个设备或组织中的数据进行模型训练,同时保证数据的本地化和安全性。这种技术将在医疗、金融等数据敏感领域发挥重要作用,推动人工智能技术的广泛应用。例如,在金融行业,多家银行通过联邦学习联合训练模型,共享模型参数而非直接共享客户数据,有效保护了数据隐私,同时提升了信贷风险评估的准确性。

5. 元学习与自适应人工智能

元学习是一种让智能体学会如何学习的方法,通过元学习,智能体可以更快地适应新的任务和环境。未来,元学习技术将有助于提高 AI 系统的灵活性和适应性。通过不断学习和优化自身的学习机制,AI 系统能够更快地适应复杂多变的环境和任务需求。这种自适应能力将使 AI 系统更加智能和高效,推动人工智能技术的进一步发展。例如,智能客服系统利用用户反馈自动调整应答策略,实现更高效、更具个性化的客户服务。

6. 教育改革与人工智能融合

随着人工智能技术的不断发展,教育改革与人工智能的融合成为必然趋势。未来教育将更加注重培养学生的创新思维和实践能力,而人工智能技术则可以为教育提供强有力的支持。通过智能教学系统和个性化学习平台等手段,人工智能可以为学生提供更加精准和个性化的学习体验。同时,人工智能还可以用于教育资源的优化和共享,提高教育资源的利用效率和质量。这些改革将有助于培养学生的创新思维和实践能力,为未来的职业发展打下坚实的基础。例如,智能教学系统根据学生个性化需求定制学习路径,利用人工智能技术辅助教学,提升教学质量与效率,推动教育公平与个性化发展,引领教育现代化进程。

7. 环境保护与资源优化人工智能

人工智能在环境保护和资源优化方面发挥着重要作用。通过智能监测和控制系统,人工智能可以实时监测环境数据,提高环境监测的精准度和效率。例如,利用人工智能技术监测空气质量、水质等环境指标,可以及时发现并处理环境污染问题。同时,人工智能还可以通过优化能源利用和管理,减少能源浪费和排放,推动清洁能源的发展。例如,智能电网利用人工智能技术实现能源的高效分配和调度,提高能源利用效率并减少碳排放。

8. 可持续交通与智慧城市人工智能

在交通领域,人工智能可以用于交通管理和智能交通系统的建设,提高交通效率并减少交通拥堵和尾气排放。通过智能交通信号控制、自动驾驶技术等手段,人工智能可以优化交通流量和路线规划,减少交通拥堵和等待时间。同时,人工智能还可以用于城市规划和管理,通过智能分析和预测技术,提高城市资源利用效率并改善城市环境。例如,利用人工智能技术进行城市人口流动分析和预测,可以为城市规划者提供科学的决策依据。

9. 大语言模型 (Large Language Model,LLM) 和小语言模型 (Small Language Model,SLM) 共存

大语言模型以其卓越的性能和泛化能力在人工智能领域占据重要地位,其参数规模可达

数千亿至数万亿级别，主要部署于云端，支持机器翻译、问答系统及文本生成等通用与复杂推理任务。然而，随着技术的进步，小语言模型也正日益受到关注，其特点在于较低的训练与运行成本，参数规模通常为数亿至数十亿，更适合资源受限的设备和应用场景。

小语言模型聚焦于端侧设备及特定领域任务，鉴于端侧设备的广泛普及，预计未来将有大量人工智能推理工作负载从云端迁移到终端，小语言模型的应用潜力巨大，将在手机、汽车等边缘终端上发挥更重要作用，满足多样化的人工智能需求。此外，小语言模型的灵活性也为其广泛应用提供了可能。随着算法的不断优化和模型架构的创新，小语言模型在保持高效运行的同时，也在逐步提升其处理复杂问题的能力。这意味着，未来小语言模型不仅能够处理简单的任务，如语音助手的基本交互，还能够胜任更高级别的决策支持、个性化推荐等任务。同时，随着边缘计算技术的快速发展，终端设备的计算能力将进一步提升，为小语言模型提供更加坚实的运行基础，推动其在更多领域实现落地应用，从而构建出更加智能、便捷、高效的数字化生活。

1.3.5 人工智能的社会影响

1. 人工智能的社会影响

人工智能系统中的算法偏见是一个日益凸显的伦理问题。由于算法的训练数据往往来源于现实世界，其中可能蕴含着各种偏见和歧视，如性别、年龄、职业等。这些偏见在算法的学习和决策过程中被放大，进而可能导致不公平的结果。例如，在招聘系统中，如果训练数据中存在性别偏见，那么该系统可能会无意识地倾向于某种性别的应聘者，造成性别歧视。因此，开发公平、无偏见的算法，建立数据审查和监控机制，是缓解算法偏见的重要途径。

随着人工智能技术的广泛应用，责任归属问题也日益突出。当 AI 系统出现错误或造成损害时，谁应该承担责任？是 AI 系统的设计者、开发者，还是使用者？这个问题在现有法律体系下尚无明确答案。因此，建立明确的责任归属机制，制定相关法律法规，是保障人工智能健康发展的必要措施。同时，加强 AI 系统的透明度和可解释性，使决策者能够理解和解释人工智能的决策过程，也是明确责任归属的重要前提。例如，自动驾驶汽车事故中，人工智能的责任归属复杂。制造商、软件开发者需对算法缺陷负责，车主则应对不当操作担责。自动驾驶的自主性增加，但责任主体仍模糊，形成"责任鸿沟"。需通过立法明确责任划分，保障技术创新与伦理平衡。同时，公众和利益相关者的参与不可或缺，共同推动人工智能伦理建设，才能确保技术发展服务于社会，维护人类利益。

2. 数据隐私与安全

随着大数据时代的到来，个人数据的隐私保护成为社会各界关注的焦点。为了保护个人隐私权，各国政府纷纷出台相关法律法规，如我国的《网络安全法》和欧盟的《通用数据保护条例》等。这些法律对数据的收集、处理、存储和传输等环节进行了严格规定，要求企业采取必要措施保护用户数据的安全和隐私。未来，随着人工智能技术的不断发展，数据保护法律将进一步完善和细化，以适应新的技术挑战。

除了法律手段外,技术也是保护数据隐私和安全的重要手段。加密技术、匿名化处理、访问控制等技术手段可以有效防止数据泄露和滥用。例如,通过加密技术可以确保数据在传输过程中的安全性,通过匿名化处理可以保护个人隐私信息不被泄露,通过访问控制可以限制未经授权的用户访问敏感数据。此外,随着区块链等新技术的发展,未来还将有更多的技术手段被应用于数据隐私保护领域。

3. 人工智能与就业

人工智能技术的发展对就业市场产生了深远影响。一方面,自动化和智能化技术的普及使得一些传统工作岗位逐渐被机器取代,如制造业生产线上的工人、客服人员等。另一方面,人工智能也创造了大量新的就业机会,如数据科学家、机器学习工程师等,这些新岗位需要高度专业化的技能和知识,为求职者提供了新的职业发展方向。

4. 人机共存的未来展望

随着人工智能技术的不断发展和应用,人机共存将成为未来的必然趋势。在未来世界中,人类将更多地依赖和与机器共生。通过人工智能技术的赋能,人类将能够实现更高效、更智能的生活和工作方式。例如,在智能工厂中,人机共存成为常态。AI系统优化生产流程,预测维护需求,与人类工人协同作业。AI机器人负责高精度、重复性任务,减轻工人负担;同时,人工智能分析工人行为,提供个性化培训建议,提升技能。这种模式下,人工智能不仅增强生产效率,还促进工人技能升级,实现人机互补,共同推动产业升级与创新。人机共存,展现了人工智能赋能未来工作场景的无限可能。

1.4 项目实施

本项目致力于引导学生全面探索人工智能领域,从追溯其发展历史,到初步理解机器学习、深度学习等核心工作原理,再到剖析人工智能在智能家居、医疗、自动驾驶等领域的广泛应用及其对社会的深远影响,旨在为学生初步构建人工智能知识基础,为未来的学术探索与行业实践铺路。

步骤1:了解人工智能的发展历史

1. 起源与梦想启航

20世纪四五十年代:人工智能的梦想开始萌芽。人们开始思考,既然机器可以执行复杂的计算任务,那么,它们是否也能像人一样思考、学习和解决问题呢?这一时期的代表人物是英国数学家阿兰·图灵,他提出了著名的"图灵测试",即如果一个人无法区分与他对话的是机器还是人,那么就可以认为这个机器具有智能。

2. 学科诞生与符号主义的黄金时代

1956年,在美国达特茅斯学院的一次会议上,人工智能作为一门学科正式诞生,与会者们共同探讨了如何用机器来模拟人类的智能。这一时期的主流思想是符号主义,即认为智能可以通过符号和规则来模拟。在这一思想的指导下，人们开发出了诸如机器定理证明、跳棋程序等初步的人工智能应用。

3. 第一次寒冬：挑战与反思

20世纪60年代，随着研究的深入，人们逐渐发现符号主义的方法在处理复杂问题时存在很大的局限性。同时，由于资金短缺、技术瓶颈以及社会对人工智能的过高期望导致的失望情绪，人工智能的研究陷入了低谷期，被称为"第一次寒冬"。这一时期，虽然人工智能整体研究放缓，但一些研究者开始反思并探索新的研究方向。

4. 专家系统与连接主义的复兴

20世纪70年代，在"第一次寒冬"之后，人工智能迎来了新的发展机遇。专家系统开始兴起，其能够利用专业知识库和推理机制来解决特定领域的问题。同时，连接主义也开始崭露头角，认为智能应该通过神经网络来实现。这一时期的神经网络模型虽然相对简单，但为后来的深度学习技术奠定了基础。

5. 深度学习与第三次浪潮的兴起

21世纪以来，随着大数据时代的到来和计算能力的提升，深度学习技术取得了突破性进展。它通过建立深层的神经网络模型，能够学习更复杂的特征表示和模式识别能力。这一技术的兴起推动了人工智能在图像识别、语音识别、自然语言处理等多个领域的快速发展。同时，随着机器学习、数据挖掘等技术的不断进步，人工智能的应用领域也在不断扩大。

6. 现代应用与未来展望

现在，人工智能已经广泛应用于医疗健康、金融、制造业、教育等多个领域。在医疗健康领域，人工智能可以辅助医生进行疾病诊断和治疗方案制订；在金融领域，它可以优化风险评估和投资决策；在制造业领域，它可以实现生产线的智能化改造和效率提升。未来，随着技术的不断进步和应用领域的不断拓展，人工智能将在更多领域发挥重要作用，并推动社会的持续发展。同时，也需要关注人工智能带来的伦理和社会问题，确保技术的健康、可持续和负责任发展。

步骤2：了解人工智能的工作原理

人工智能的核心思想是模拟人类的智能行为，让机器能够像人一样思考、学习和解决问题。它通过分析数据、识别模式、做出决策和采取行动来实现这一目标，其具体步骤如下。

1. 数据收集与处理

数据收集：人工智能工作的第一步是收集大量的数据。这些数据可以有多种来源，如传感器、互联网、数据库等。数据的多样性和丰富性对于提高人工智能的准确性至关重要。

数据处理：收集到的数据需要经过清洗、整理和分析，以提取出有用的信息和特征。这一步骤包括数据预处理、特征提取和特征选择等。

2. 模型训练与学习

模型选择：根据具体的应用场景，选择适合的机器学习模型或深度学习网络结构。这些模型可以是分类器、回归器、聚类算法等。

模型训练：将处理好的数据输入到模型中，通过迭代计算和调整参数，使模型能够逐渐学习到数据的特征和规律。这一过程称为模型训练。

学习算法：训练过程中使用的算法决定了模型的学习方式和效率。常见的学习算法包括梯度下降、随机梯度下降、反向传播等。

3. 决策与行动

预测与分类：训练好的模型可以用于对新的输入数据进行预测或分类。例如，在图像识别中，模型可以判断输入图像中的物体是什么。

决策制定：基于预测结果，人工智能可以制定决策并执行相应的行动，这可以包括推荐商品、调整系统参数、控制机器设备等。

反馈与优化：在实际应用中，人工智能会根据用户的反馈和系统的表现不断优化自身，这包括调整模型参数、改进算法、增加数据多样性等。

步骤3：了解人工智能的应用

人工智能广泛应用于智能家居、医疗诊断、金融风控、自动驾驶及教育等多个领域，通过深度学习、数据挖掘等技术提高生活便捷性、医疗服务质量、金融安全性、交通效率及教育个性化，推动社会进步与发展。

1. 智能家居与物联网

应用场景：智能家居是人工智能技术的重要应用领域之一。通过智能音箱、智能门锁、智能家电等设备，人工智能能够实现对家居环境的智能化控制。比如，通过语音指令控制家中的灯光、温度、音乐等，或根据用户的习惯自动调整家居环境。

技术原理：人工智能技术通过机器学习算法，对用户的生活习惯和偏好进行学习和分析，从而实现对家居环境的智能化控制。同时，通过物联网技术将家居设备连接在一起，实现了设备间的互联互通。

社会价值：智能家居不仅提高了生活的便捷性和舒适度，还促进了节能减排和可持续发展。通过智能控制，可以更有效地利用能源，减少浪费。

2. 医疗诊断与健康管理

应用场景：人工智能在医疗领域的应用日益广泛，包括疾病诊断、药物研发、健康管理等方面。人工智能可以通过分析医疗影像、病历数据等，辅助医生进行疾病诊断，提高诊断的准确性和效率。

技术原理：人工智能技术通过深度学习算法，对医疗数据进行挖掘和分析，提取出疾病特征和诊断规律。同时，使用自然语言处理技术可以实现对病历数据的理解和处理。

社会价值：人工智能在医疗领域的应用有助于解决医疗资源紧张的问题，提高医疗服务的可及性和质量。同时，人工智能还可以促进医疗研究的进步，为新药研发和疾病治疗提供有力支持。

3. 金融风控与智能投资

应用场景：人工智能在金融领域的应用包括风控管理、智能投资、客户服务等方面。人工智能可以通过分析交易数据、用户行为等，识别潜在的欺诈行为和风险点，提高金融系统的安全性。同时，人工智能还可以根据市场趋势和用户需求，提供个性化的投资建议和服务。

技术原理：人工智能技术通过数据挖掘和机器学习算法，对金融数据进行实时分析和预测。同时，使用自然语言处理技术和知识图谱技术可以实现对金融信息的理解和处理。

社会价值：人工智能在金融领域的应用，有助于降低金融风险，提高金融服务的效率和安全性。同时，人工智能还可以促进金融创新和产业升级，为经济发展提供有力支持。

4. 自动驾驶与智能交通

应用场景：自动驾驶是人工智能技术的又一重要应用领域。通过传感器、摄像头等设备，人工智能可以实现对车辆行驶环境的实时感知和决策。同时，人工智能还可以与智能交通系统相结合，实现交通流量的优化和调度。

技术原理：人工智能技术通过深度学习算法和计算机视觉技术，对车辆行驶环境进行实时感知和识别。同时，使用路径规划和决策算法可以实现对车辆行驶路径的优化和决策。

社会价值：自动驾驶技术的应用，有望提高交通系统的安全性和效率，降低交通事故的发生率。同时，自动驾驶还可以促进汽车产业的升级和转型，为经济发展注入新的动力。

5. 教育与个性化学习

应用场景：人工智能在教育领域的应用包括个性化学习、智能辅导、在线教学等方面。人工智能可以根据学生的学习情况和兴趣，提供个性化的学习计划和资源。同时，人工智能还可以实现对学生学习进度的实时跟踪和反馈。

技术原理：人工智能技术通过数据挖掘和机器学习算法，对学生的学习数据进行挖掘和分析。同时，使用自然语言处理技术和推荐算法可以实现对学习资源的个性化推荐。

社会价值：人工智能在教育领域的应用，有助于实现教育资源的优化配置和个性化服务，提高教育的质量和效率。同时，人工智能还可以促进教育公平和普及，为更多人提供受教育的机会。

1.5 项目拓展

个性化推荐作为一项人工智能技术，虽已深入用户日常，但其距发展完善仍路途遥远。为此，可尝试将社交媒体个性化推荐的发展划分为几个关键级别。

1. 初级

功能实现：基于用户基本行为（浏览、点赞）进行内容推荐。

规范要求：确保用户数据收集与处理合规，初步识别并避免极端内容的推荐。

2. 中级

功能实现：引入用户画像，结合历史偏好与实时情境进行精准推荐。

规范要求：防范"信息茧房"，通过算法设计增加多样性内容展示，促进用户思维提升。

3. 高级
功能实现：实现推荐系统的自我学习与优化，动态调整推荐策略以适应用户变化。

规范要求：深度审视算法偏见，建立透明、可审计的推荐机制，确保不同用户群体声音被平等对待。

4. 商业级
功能实现：结合商业目标与用户价值，实现个性化推荐与广告投放的高效融合。

规范要求：建立用户反馈与申诉机制，确保推荐内容不仅精准且符合用户真实需求与期望，同时保障用户隐私与数据安全。

每个级别的实现都需平衡技术进步与伦理考量，确保个性化推荐技术能够持续健康发展，为社会带来真正的价值。请结合自身使用社交媒体的体验，拟写一篇报告，对不同级别的个性化推荐系统进行总结。

1.6 项目小结

本项目简要介绍了人工智能的产生背景、基本概念、发展历程、研究领域、发展趋势、人工智能伦理与社会影响等。人工智能是研究、开发用于模拟、延伸和扩展人的智能的理论、方法、技术及应用系统的一门新的技术科学。

人工智能历史上共出现过人工智能思潮赋予机器逻辑推理能力、专家系统使得人工智能实用化、深度学习助力感知智能步入成熟三次重要的发展浪潮。

人工智能研究领域包括感知能力、自然语言处理、推理与决策、多智能体系统、机器学习、深度学习、生成式人工智能、人工智能社会与安全、具身智能等。

人工智能未来趋势包括量子计算与人工智能的结合、生物启发式计算与人工智能结合、可解释性人工智能与强化学习、联邦学习与数据隐私、元学习与自适应人工智能、教育改革与人工智能融合、环境保护与资源优化人工智能、可持续交通与智慧城市人工智能、大语言模型和小语言模型共存等。

人工智能伦理与社会影响包括人工智能伦理的算法偏见、人工智能伦理的责任归属、数据保护法律、数据保护技术、人工智能与就业、人机共存的未来展望等。

1.7 项目练习

一、选择题

1. 在人工智能的发展史上，（　　）标志着人工智能这一新兴学科的正式诞生。

　　A. 1943年，神经科学家提出第一个神经元数学模型

B. 1950年，英国数学家艾伦·图灵提出"图灵测试"，作为判断机器是否具有智能的标准

C. 1956年夏季，在美国达特茅斯会议上首次提出"人工智能"这一术语

D. 1966年，斯坦福研究院开发了能够模仿心理治疗师进行对话的计算机程序ELIZA

2. 人工智能不包括（　　）。

　　A. 自动驾驶　　　　　　　　　　B. Photoshop
　　C. 语音识别　　　　　　　　　　D. 自然语言处理

3. 人工智能的感知能力是其基础，其中（　　）专注于研究如何让机器"看"，并广泛应用于自动驾驶、医疗影像分析和安防监控等领域。

　　A. 语音识别　　　　　　　　　　B. 自然语言处理
　　C. 计算机视觉　　　　　　　　　D. 机器人学

4. 在人工智能的众多应用中，（　　）通过模拟人类对话和交互，极大地提升了人机交互的自然性和便捷性。

　　A. 自然语言处理　　　　　　　　B. 语音识别与合成
　　C. 计算机视觉　　　　　　　　　D. 机器学习

5. 深度学习通过构建深层神经网络来模拟人脑的学习过程，在以下（　　）领域取得了突破性的进展。

　　A. 逻辑电路设计　　　　　　　　B. 传统统计分析
　　C. 心理学研究　　　　　　　　　D. 图像识别与自然语言处理

二、填空题

1. "＿＿＿＿＿＿"这一术语首次在达特茅斯会议被提出。

2. 人工智能发展的三次浪潮，包括＿＿＿＿＿＿、＿＿＿＿＿＿、＿＿＿＿＿＿。

3. 在人工智能中，＿＿＿＿＿＿技术利用已有的知识库和推理规则，通过逻辑推理得到新的结论或解决方案。

三、简答题

1. 请简述深度学习技术在人工智能发展中的重要性及其主要应用领域。

2. 请简述具身智能对人工智能领域以及未来生活的影响。

技术篇

项目2　机器学习与深度学习

2.1　项目描述

　　早上，一缕阳光照进卧室，小明听到一个熟悉的声音："现在是早上7点，新的一天开始了"。小明对这个声音很熟悉，是卧室的智能音箱发出的，小明还可以问它今天的天气，并且由它自己控制窗帘打开。小明来到餐厅开始吃早餐，刚拿出手机想浏览今天的新闻，手机就自动解锁了。当打开手机里的电商网站，第一时间就看到了自己喜欢的商品。十几年前还是科幻小说里的场景，如今不仅成为小明每天的日常，也已经成为大部分人真实的生活经历。

　　原来，这背后是人工智能算法在驱动。小明很想知道这些算法有什么区别，它们是怎么执行的，为什么会表现出像人一样的智能。因为小明的父亲是一位人工智能工程师，他崇拜自己的父亲，也想学人工智能技术，今后利用这项技术造福更多的人。

2.2　项目分析

　　人工智能算法无时无刻不在影响人们的生活。当向智能音箱询问天气的时候，它通过语音识别技术听懂了人们的声音；当拿起智能手机，它可以自动解锁打开，因为它通过人脸识别技术认出了主人；电商网站能在第一时间就让人们看到自己喜欢的商品，因为它可从用户自己或者朋友的购买记录中了解用户的兴趣。目前人工智能算法中，机器学习与深度学习已成为主流，正是由于它们，才让上面这一切曾经想象中的场景如今成为现实。

　　要了解人工智能算法是怎么让这些设备具有智能的，需要学习以下内容。

1. 人工智能算法的分类

　　人工智能的分类多种多样，主要基于学习机制以及功能用途等因素，每种算法都有其独特的应用场景和优势，在本项目中，主要了解当前应用最广泛的机器学习与深度学习。

2. 数据的表示方法

　　数据包含文字、语音、图像等类型，它们在计算机中有不同的表示方法，并且在不同的场景中，还需要将数据表示成适合算法使用的格式。了解数据的表示方式有助于读者理解算法的运行原理。

3. 算法的学习过程

　　人工智能之所以需要学习，是因为通过学习才能使其从数据中提取到有用的信息，从而完成各种任务。读者接触到的各种智能设备像人类一样也经历了学习的过程。

2.3 相关知识

人工智能涉及的范围很广，涵盖感知、学习、推理与决策能力。从实际应用角度来说，人工智能最核心的能力就是根据给定的输入做出判断或预测。

2.3.1 人工智能的子类

1. 机器学习（Machine Learning，ML）

机器学习是人工智能的一个领域，通常指一类问题以及解决这类问题的方法，就像它的名字所描述的一样，需要让机器自我学习，而不是利用一套预先确定的规则做出判断。因为规则一般由人制定，只适用于简单的判断。如图2-1所示，可以根据三角形的定义，很容易区分出哪些是直角三角形。另外，在日常生活中，可以通过体温来判断一个人是否正在发烧，"体温是否超过37.5 ℃"就是用来判断一个人是否发烧的规则。

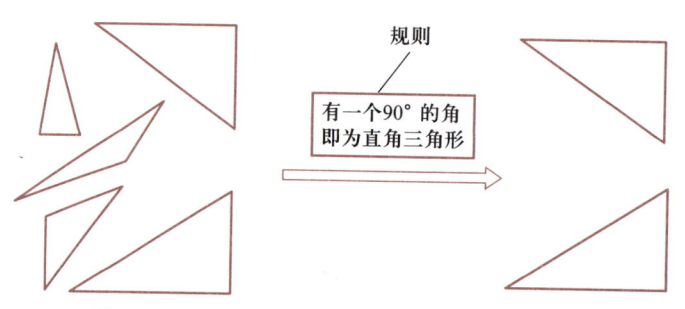

微课2-1：
人工智能的
子类

图2-1　根据人工规则很容易筛选出直角三角形

但人工定义规则的方式存在局限性。一方面，在复杂的应用场景下要建立一个完整的规则系统非常耗时。另一方面，人工智能所面临的很多应用，例如图像识别就很难以人工的方式定义具体的规则。例如图2-2所示中分辨猫和狗的任务，对于人类的大脑而言很容易完成，几乎一瞬间就可以判断出图中哪些是猫、哪些是狗，但并不清楚自己是如何做到的，等想清楚自己运用了哪些规则时，会发现这些规则有很多变化，且有很多规则难以给出明确的定义（读者可以思考一下，自己是根据什么规则区分图中的猫、狗的），因此也就很难设计出一个规则系统或是用计算机程序来解决。

当要建立一个识别猫和狗的规则系统时，如图2-3所示，会发现这个系统很复杂，甚至无法完成。一个可行的方法是让计算机通过学习来获得预测和判断的能力，学习的过程要求是自动的，由机器自己根据看到的图像总结规律，而不是人为定义它们。即如何让计算机从数据中自动寻找规律，并利用学习到的规律对未知或无法观测的数据进行预测，并可以用来完成各种识别任务，这样的方法就被称为机器学习。随着机器学习技术的应用越来越广泛，现在机器学习已成为这一类问题及其解决方法的统称。

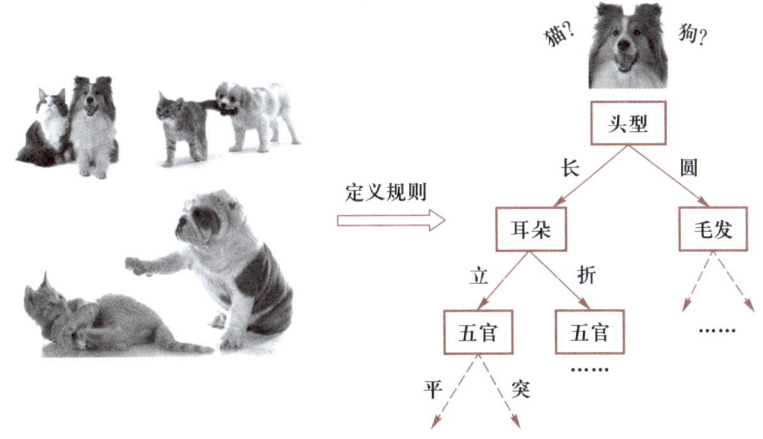

图 2-2　很难定义出区分猫和狗的规则系统

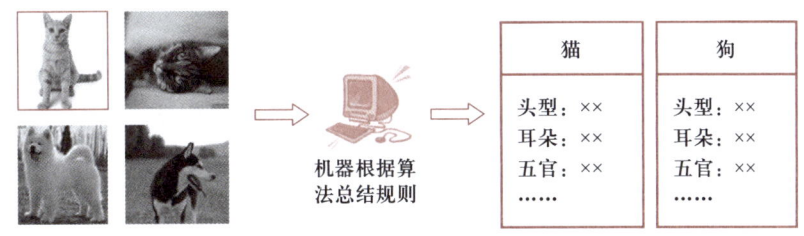

图 2-3　机器学习自动总结规则

2. 深度学习（Deep Learning，DL）

深度学习是机器学习下的一个分支，它的核心是人工神经网络（Artificial Neural Network，ANN）。它使用多层人工神经网络来模拟人脑的神经元工作方式，数据输入到神经网络时会经过多次处理，相比于传统机器学习而言会比较深，因而被称为深度学习。如图 2-4 所示，深度学习在识别猫和狗的图片时，不是一次就得到结果，而是会对输入的数据进行多次计算，每一次计算称为一层，最后输出识别的结果。

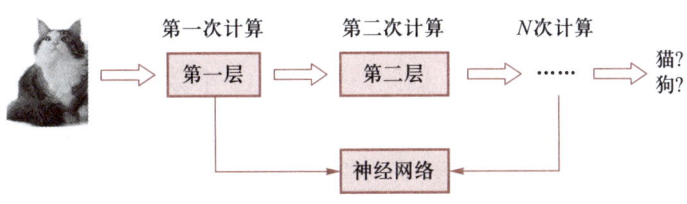

图 2-4　深度学习的过程

计算机正是利用这种深层模型，自主学习并提取数据中的高级特征。这种方法在计算机视觉、自然语言处理、语音识别等领域取得了显著成果。由于深层模型中的每一层都会对数据进行一次处理，因此深度学习算法相比于传统机器学习算法会经历更长时间的计算过程，同时也需要更多的数据，但是它更加强大和灵活，后续将主要讲解深度学习这个人工智能的子领域。图 2-5 展示了人工智能、机器学习、深度学习囊括的不同范围及其关系。可以看出，通常所说的人工智能，是一个很大的范围，任何模仿人类或其他生物体智力或行为的方法都在此范围内,它可以是数学上的逻辑推理方法,也可以是人工定义的简单规则,还可以是复杂的神经网络;机器学习是人工智能领域中专指利用数据进行学习的技术,它无须依靠人来定义规则;深度学习则是机器学习领域中受人类神经系统启发的一种技术。

微课2-2:数据的表示方法

图2-5 人工智能、机器学习、深度学习的关系

2.3.2 数据的表示方法

用机器学习来解决实际问题时,会面对多种多样的数据形式,如图2-6所示。在面对声音、图像、文本等输入数据时,语音识别任务可以根据人说话的音频信号,判断说话的内容;图像识别根据输入的图片来判断图中的内容;机器翻译则可以将输入的某一种语言文字转换成另一种语言文字。学习的目的就是要掌握这些数据的规律,将它们转换为对应的输出。

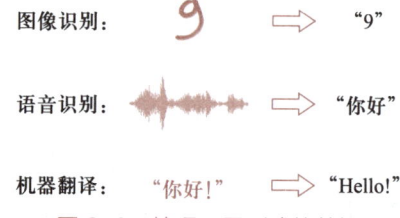

图2-6 处理不同形式的数据

这些不同的图像、文本和声音在计算机中是怎么表示的呢?不管是什么类型的数据,在计算机中只能以数字的形式进行存储。因此,需要把这些非数字信息转换为数字信息。

先来看字符的表示方法。字符串是最常用的计算机内部存储形式,它是一个字符序列。在计算机中,每个字符都用一个数字表示,如有字符串"hello world",会将每个字母用一个数字替代,如图2-7所示中的"hello"对应的数字表示。如果是中文字符,会用一个或多个数字来表示,因为英文字母总共只有26个,但汉字的数量有很多。如图2-7所示中的"小明学习人工智能"这句话,其中的每个汉字就用多个十六进制的数来表示,这就是字符的数字化。基于这种表示方法可以在计算机中实现简单的字符查找和修改功能。

但是在人工智能领域,所面临的任务是理解文本的内容,即语义信息,而理解文本的语义,则要基于单词来理解。因此,需要将句子划分为单词,以单词为基本单位来编码,这个过程称为分词。由于英文句子本身就是用空格分隔单词,所以分词一般针对中文句子,且在中文的文本处理中尤为重要。如图2-8所示，将句子"小明学习人工智能"划分为多个单词，然后对每个单词进行编码，这里的编码数字并没有特别的含义，只要知道，在处理人工智能任务时，文本表示不再是以单个字符为基础，而是将单词作为基本处理对象，后续将对文本处理做详细介绍。

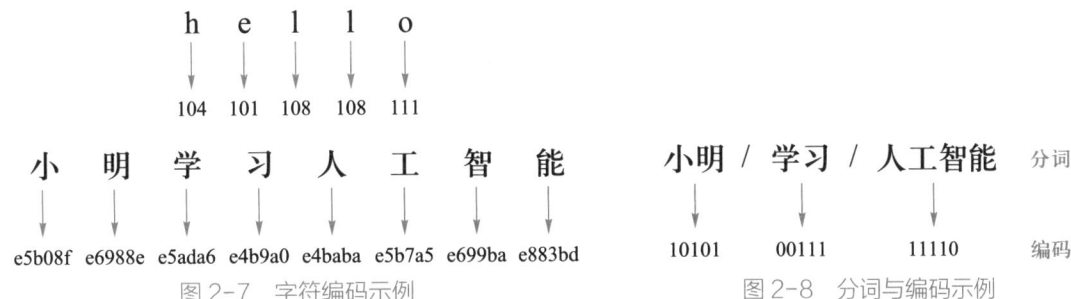

图2-7　字符编码示例　　　　　　　　　图2-8　分词与编码示例

接下来看看图像的表示方法。图像信息都是以像素的形式保存的，只是像素都比较小，人眼察觉不到，看到的都是连续的颜色变化。如图2-9所示的一张黑白图片，将其中一块区域放大后，就可以明显地看到一个个的像素，它们通过一定的顺序（矩阵形式）进行排列。像素是组成图像的基本单位，每个像素用一个数字表示，称为灰度值。如0代表黑色，1代表白色，中间不同的灰度就用0到1之间的小数来代表，当然也可以取其他范围内的数字。总之，这些数字按照图像中像素的位置排列后形成一个矩阵。如图2-9所示中的矩阵左上角的数值比较接近0，就是因为图像中这个区域的颜色更接近黑色，计算机通过这个矩阵中的数值来顺序表示每个像素的灰度值，这个过程就叫作图像的数字化，数字化之后的数据就能够输入到计算机中进行处理了。

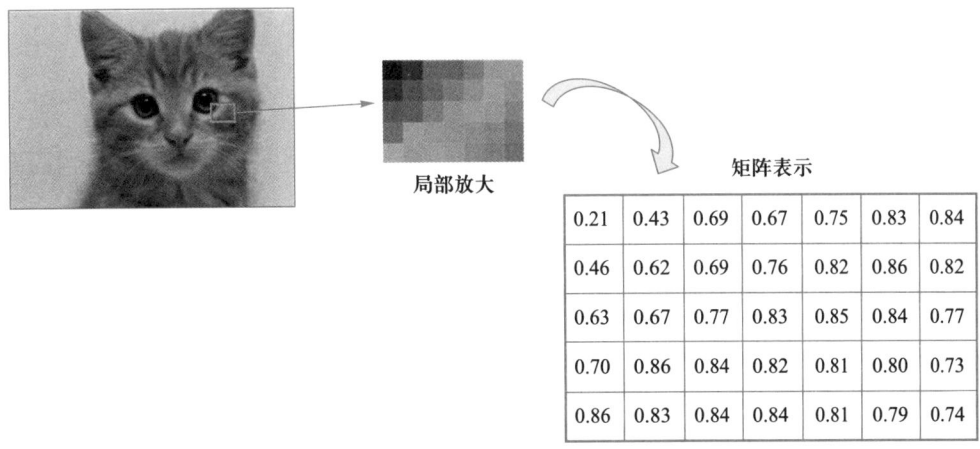

图2-9　图像在计算机中的表示

最后来看看声音怎么表示。声音是通过声波进行传播，声波由物体的振动产生，再经介质传播，最后到达人耳被人感知。计算机没有耳朵，这时候就需要把声波转换成便于计算机存储的数字信号。如图2-10所示是声音的波形，由于不同人说话的音调、音量、音色都不一样，因此会产生不同的波形。

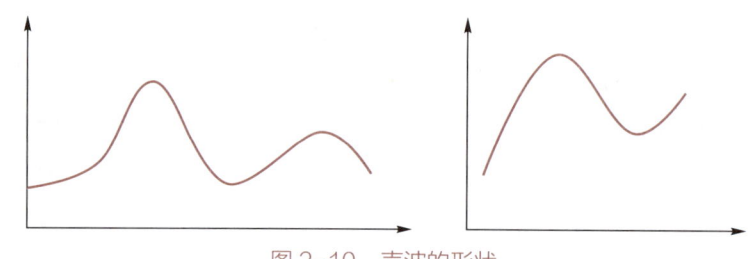

图 2-10 声波的形状

声波数字化的主要流程如图 2-11 所示。从图上看，声波是一个连续的线条，因为声音信号是连续的，但计算机无法处理这种数据，所以就使用采样的方式。以一定的时间间隔对声波进行测量并记录，如图 2-11 所示中是选择在固定的时间点 1、2、3……10 来采样声波数据，将连续的波声变成了 10 个时间点的声波数据。得到这些数据后，需要用数值去表示它们的大小，称为量化。图中在纵坐标上标出 8 个量化级别来表示对应的声波大小。最后是将量化后的值进行编码，最简单的就是将上面的量化值转化为二进制码，然后将所有采样的 10 个时间点上的二进制编码拼接起来，就可以得到一串由数字 0 和 1 组成的数字序列，这段序列就可以用来在计算机中表示这段声音信号。至此，就获得了可以让计算机理解并处理的数字化声音数据。

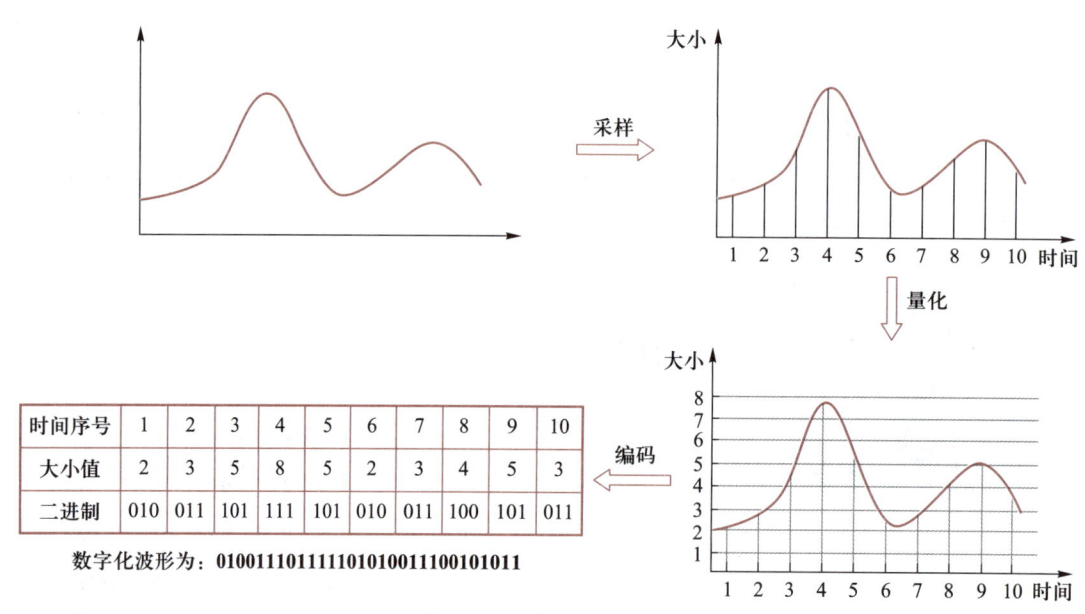

图 2-11 声波的数字化

2.3.3 学习的过程

在上述介绍中，可以将声音、图像、文本等数据表示为计算机能够处理的数字编码，接着就可以将这些数字编码输入到计算机中进行学习。实际使用中，机器学习一般会包含如图 2-12 所示的几个步骤，其中的原始数据是经过数字编码后的图片、声音、文本等。

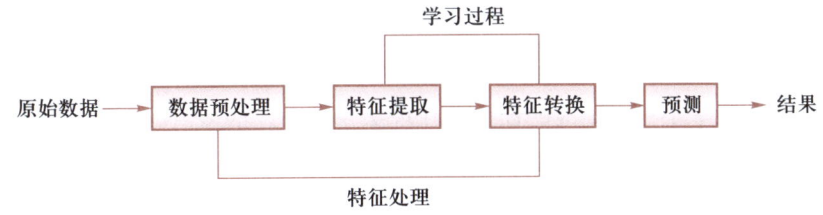

图 2-12 机器学习模型处理数据的过程

在机器学习流程中,数据预处理步骤把原始数据转换成适合机器学习的数据格式,比如有些图像识别任务需要图片具有统一的大小和格式;有时候收集的文本数据包含缺失的信息或者存在错误值等。数据经过预处理后,再通过特征提取与特征转换步骤来获得其中有用的特征,即发现数据中包含的可利用规律,最后根据这些提取的特征来预测数据内容。

在人类对物体等的识别过程中,往往会根据物体具有的一些特点来区分它们,比如辨别人脸,依据的重点是人脸的五官,像这种可以对事物的某些方面的特点进行刻画的属性,称为特征。传统方法主要通过人工来设计特征提取的方法,而现在的机器学习尤其是深度学习主要是指算法利用输入数据,经过不断训练后自动学习到的特征。对于深度学习,数据则会循环经过多个特征提取与特征转换的步骤,以达到深度特征处理的目的。因为有些特征比较复杂,或者数据量太大不容易处理,因此将特征提取与特征转换分为多个步骤进行,相当于将困难的任务分解为多个相对简单的任务,也可以理解为一次任务得不到理想的特征,于是设计多个任务反复执行,直到取得满意的结果,这也是"深度学习"中"深度"的由来。而"学习"代表了特征提取与特征转换过程是机器利用数据自动学会的,而不是人为设定的规则。图 2-13 展示了在图像识别任务中,可能会学习到哪些特征,这些特征是识别图片内容所需要的关键信息,比如前文提到的猫与狗的识别,机器实际上是在学习提取图中的五官、纹理、轮廓等,然后将这些提取的特征进行比较来进行预测(猫或狗),读者可以想想自己脑海中在识别不同动物时是不是也是在比较这些特征。目前不同预测方法的性能相差不大,而特征处理对最终系统的准确性起着十分关键的作用,它代表了对原始数据中所包含规律的学习程度的深浅。因此,开发一个机器学习系统的主要工作量集中在了预处理以及特征学习上面。

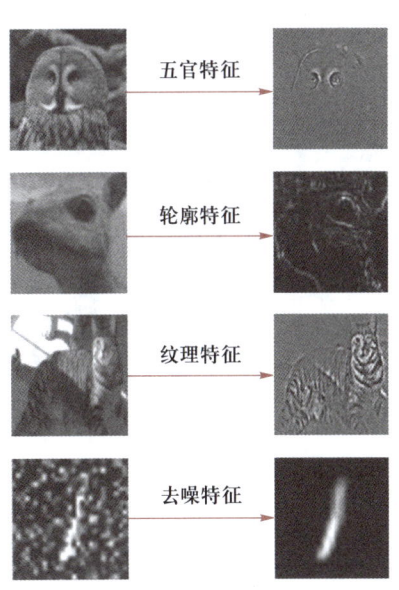

图 2-13 机器学习可能得到的不同特征

2.3.4 监督学习

有了上述对机器学习过程的了解,下面来看一个手写体数字识别的例子,目的是让计算机能自动识别出人们手写的数字,如图 2-14 所示,展示了不同字体。手写数字识别对人类来说很简单，人们很快就能分辨出不同人写的数字，但对计算机来说却十分困难，因为很难总结出每个数字的手写体有哪些特征，也很难区分不同人所写的数字的风格，因此设计一套固定的程序是一项几乎不可能完成的任务。在现实生活中，很多情况都类似于手写体数字识别这一类问题（包括前面提到的猫和狗的识别任务）。

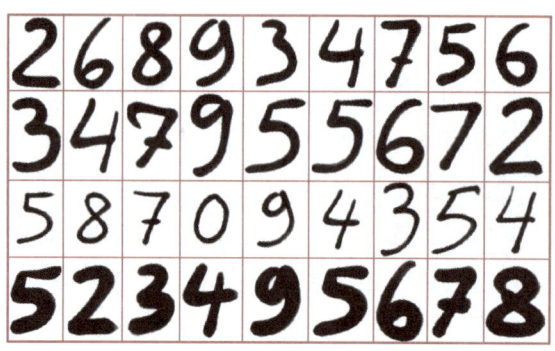

微课 2-3：
监督学习和
无监督学习

图 2-14　需要识别的手写体数字

对于这类问题，可以尝试采用让计算机"看"大量的手写体数字样本，并利用某种算法对计算机进行训练，使其自动学习到这些数字隐含的特征信息。不过在将数字样本给计算机"看"之前，需要先对每个样本进行标注（也叫标签），如图 2-15 所示。计算机事先并不认识这些数字图片，自然也无法对这些数字进行分类，所以需要将每个类别的数字图片标注出来，相当于告诉计算机这些数字是什么，让它们自己去学习（提取）其中的特征，这个过程称为训练。

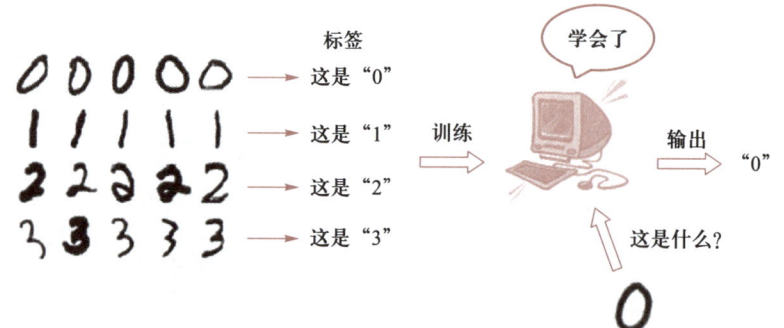

图 2-15　通过训练学会识别手写体数字

对于识别猫和狗的任务，也可以采用同样的方式，如图 2-16 所示。先给图片打上标签，但这里要注意，因为计算机内部只能存储数字，且这个标签在训练时会参与数学运算，因此用数字 0 代表猫，数字 1 代表狗，然后用标注后的数据进行训练，当计算机识别出猫时就会输出 0，识别出狗时则会输出 1。

利用数据的标签对计算机进行训练，或者说对机器进行训练的过程称为监督学习，标签则称为监督信息，相当于有人在告诉计算机这些数据是什么。实际上是训练计算机中的一个软件程序，称为模型（如神经网络模型）。前面提到，当标注出数据后，是将数据输入到模型中，再通过某种算法进行训练，这个算法跟设计的模型紧密相关。初始状态下，模型设计好后是不能识别任何事物的，通过不断训练，模型会慢慢学习到数据中的特征，从而完成训练。整个监督学习的过程如图2-17所示，首先通过人工标注出大量的手写体数字图像，然后算法将模型训练到合适的状态，并依靠这个模型来识别它未见过的手写体数字。

图2-16　通过训练学会识别猫和狗

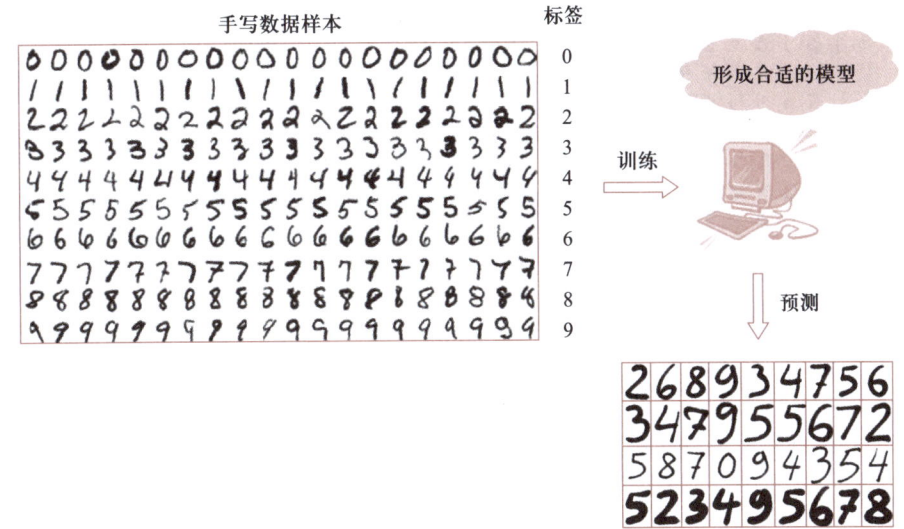

图2-17　通过监督学习识别手写体数字

监督学习是目前人工智能领域中最常用的方法，它简单有效，且和人类的学习过程也比较类似。可以想象一下，父母在教小孩子识别新事物时也是遵循这样的过程。

当然，训练用的数据和待预测的数据必须具有相似的规律。也就是说，不能通过仅教会机器数学问题，继而期望它能够很好地回答历史问题。如图2-18所示，可以输入不同水果的图片进行训练，以此创建能识别水果的模型，然后就能对未见过的水果进行预测，当然水果的类别仅限于模型已经见过的类别。如果模型能够正确识别出苹果，那么它学习到了苹果应该具有的特征，但并不能用来识别手写体数字。

图 2-18　学会识别苹果的模型不能用来识别手写数字

再思考一个问题,已经训练完成了一个能正确识别手写体数字的机器学习模型,但并不能保证这个模型一定是100%正确的,如果遇到极为相似的图片,如图2-19所示中的数字9,它跟手写的英文字母g特别像,有时候连人也无法做出准确的判断,那么此时的模型会输出什么呢?

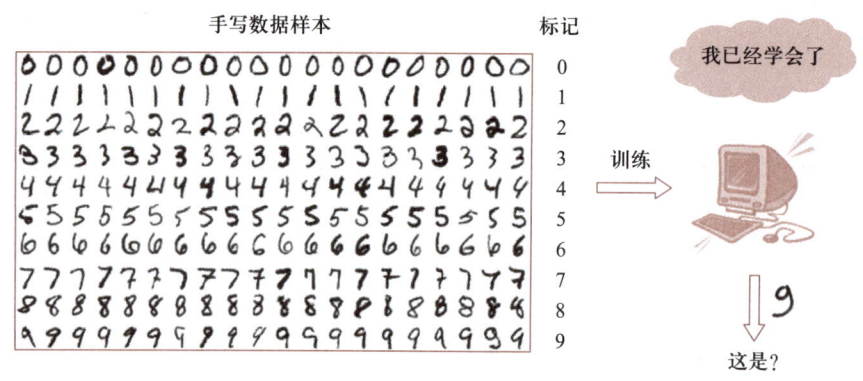

图 2-19　机器学习模型区分数字 9 和字母 g

2.3.5　无监督学习

监督学习虽然简单好用,但有一个重大缺点就是数据需要事先标注好,否则模型无法正常训练。而标注数据是一件非常耗时的工作,大部分工作都需要人工手动完成。于是出现了一类不需要对数据进行标注也可以训练模型的方法,称为无监督学习。如图2-20所示中的例子,如果给定无监督学习模型的输入数据集是不同类型的动物图片,并且这些图片是没有任何标签信息的,也就是说模型并不知道图片中的动物是什么,此时,无监督学习的任务是自行识别动物的特征,根据不同动物之间的相似性将具有相同特征的动物聚集到同一组中,这个过程也称为聚类。

可以看到,由于数据是无标签的,无监督学习在没有任何监督信息帮助的情况下,仅依据现有动物图片的特征,将"有翅膀"和"无翅膀"的动物从大量的各种各样的图片中区分出来。需要注意的是,模型一开始并不知道图片中的动物可以分为几类,而是通过聚类算法的分析将数据分为几个群体,如果算法的细节不一样,聚类出来的群体类别或者个数都可能发生变化，比如图中的动物也可以聚类为"两只脚"动物和"四只脚"动物，甚至还可以按外表颜色进行聚类。

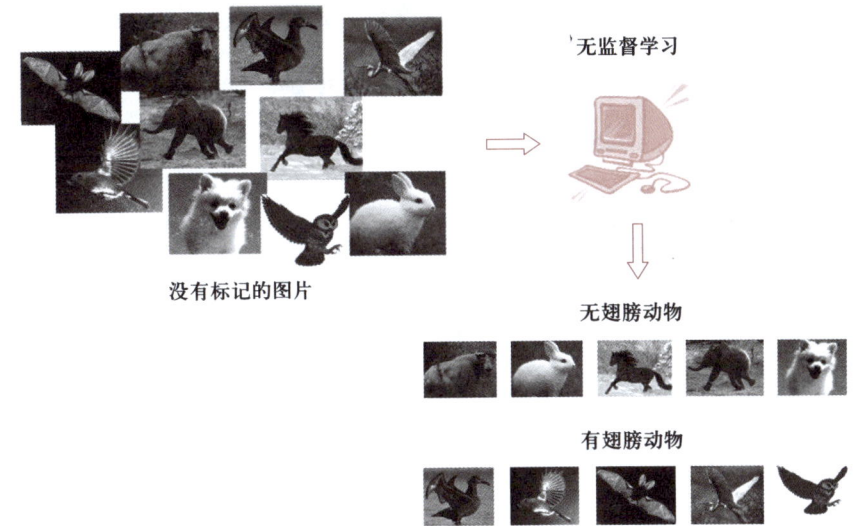

图 2-20　无监督学习对动物进行聚类

同样是通过学习对结果进行预测，无监督学习本质上比监督学习更难，因为输入数据没有标签，算法事先也不知道需要输出几个类别，导致无监督学习的结果可能没有监督学习精确和稳定。但一般认为基于学习的方法比基于规则的方法效果更好，因为规则遵循的是硬编码的算法，而无论监督学习还是无监督学习都是利用提供的数据自行学习潜藏在其中的特征。换句话说，当前的人工智能算法偏向于展示数据、寻找规律，而不是告诉机器怎么根据硬性的规则去判断事物。

2.4　项目实施

人工智能算法主要分为监督学习和无监督学习两类，而监督学习是其中最重要的一类算法。监督学习在于利用一组已知类别的训练数据来训练模型，数据中的每个样本有一个标签，监督学习算法通过分析这些训练数据，产生一个推断的功能，该功能可以将样本的内容与样本的标签建立映射。接下来使用百度 EasyDL 人工智能平台来给一些图片加上标签。如图 2-21 所示，有 30 张用于垃圾分类的图片，这些图片此时是没有任何标签的，需要读者自己根据图像中物体的材质将这些垃圾分为金属、玻璃、塑料 3 类。

步骤1：打开 EasyDL 平台

进入 EasyDL 平台，如图 2-22 所示。因为是要为图片数据增加标签信息，用于后续的分类任务，所以这里选择"图像分类"。

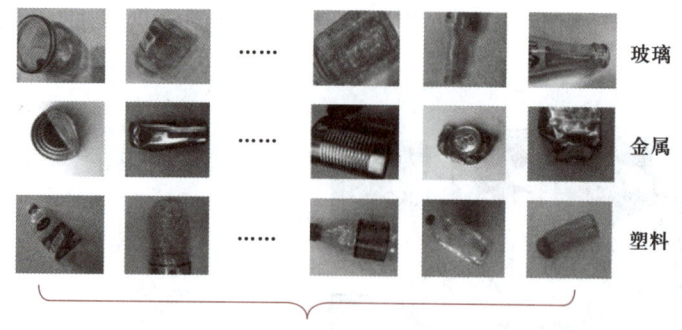

图 2-21　监督学习会将样本内容映射到对应的标签

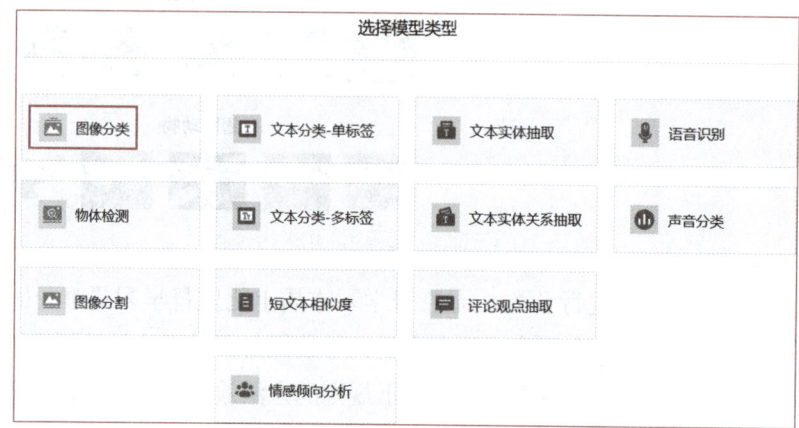

图 2-22　选择"图像分类"

步骤2：创建数据集

进入平台操作页面，单击左侧的"数据总览"按钮，如图2-23所示，可以看到还没有任何数据集，单击"创建数据集"按钮。

图 2-23　开始创建数据集

步骤3：填写数据集信息

这一步填写数据集的相关信息，如图2-24所示，在数据集名称文本框中输入"垃圾分类"，其他信息可选择默认值。需要注意，其中的标注模板选的是"单图单标签"，意思是一张图片只能有一个标签，因为在多分类任务中，同一张图片是可以有多个不同标签的。

图2-24 填写数据集信息

步骤4：上传数据集

填写好信息后，单击"创建并导入"按钮，打开导入图片页面，如图2-25所示。在导入方式组合框选择"本地导入"和"上传图片"，然后选择30张垃圾图片，完成后开始导入，此时根据数据集的大小，需等待一段时间。

图2-25 上传图片数据集

步骤5：标注图片

导入成功后，单击左侧的"在线标注"按钮来给图片添加标签信息，如图2-26所示。此时可以浏览每张导入的图片，然后根据自己的判断，在页面右侧给图片添加正确的标签信息。

图 2-26　给每张图片添加标签

步骤6：扩充图片

所有图片都添加完成后，因为数据集图片数量不够，不利于训练模型，可以将数据集进行扩充，也叫数据增强。单击图2-23中左侧的"数据增强"按钮，可以创建一个数据增强任务，如图2-27所示。在"数据输入"下拉列表中选择"垃圾分类/V1"数据集，在"选择标签"选项组将添加的标签全部选中，最后在"数据输出"下拉列表中新增加一个"垃圾分类/V2"版本，因为添加标签后会生成一个新的带标签的数据集。

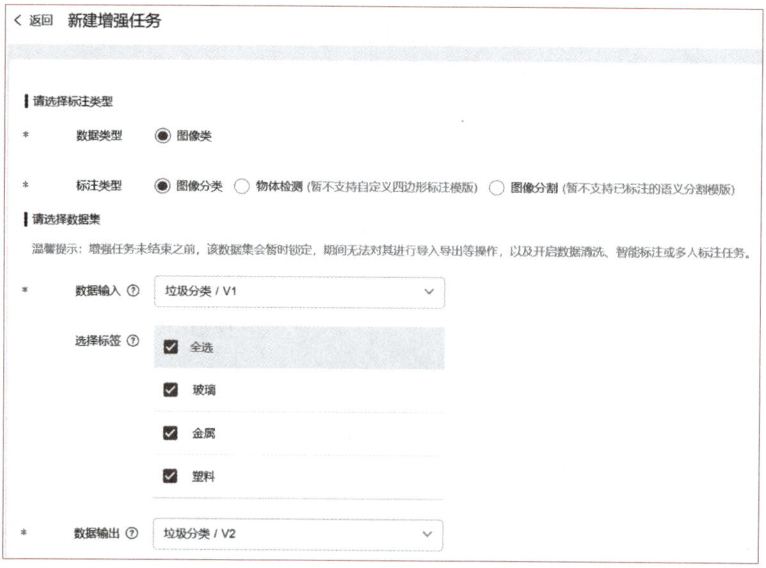

图 2-27　给每张图片添加标签

步骤7：选择扩充方法

对图片的扩充有多种方法，通过选择各种不同的增强算子来实现。如图2-28所示，在增强算子一栏选择"FlipLR"选项，该算子可以通过将数据集中的图片进行左右翻转来扩展原有的图片数量，当然也可以同时选择其他的算子来扩充更多的图片，具体每个算子具有什么功能可以查看平台上的效果展示和介绍。选择完算子后重新提交该垃圾分类数据集，经过一段时间后即完成数据集的扩充。

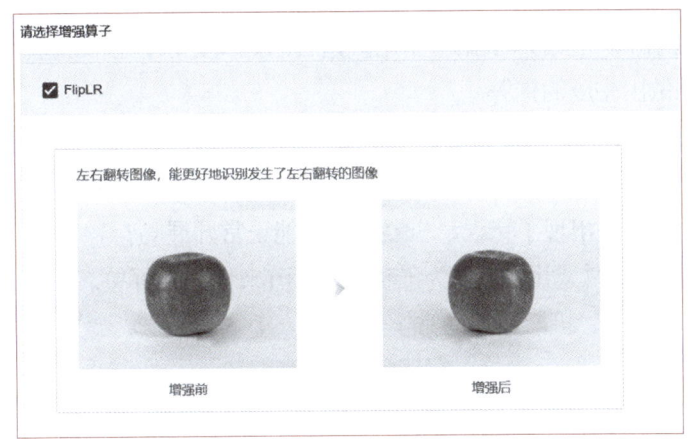

图 2-28　选择增强算子

步骤8：查看效果

扩充完成后，查看数据集V2版本的内容，如图2-29所示，会发现数据集的图片数量由原来的30张变成了60张，因为每张图片都进行了一次左右翻转，数量变成了原来的2倍，此时不仅完成了对数据的标注，还得到了一个更大的垃圾分类数据集。

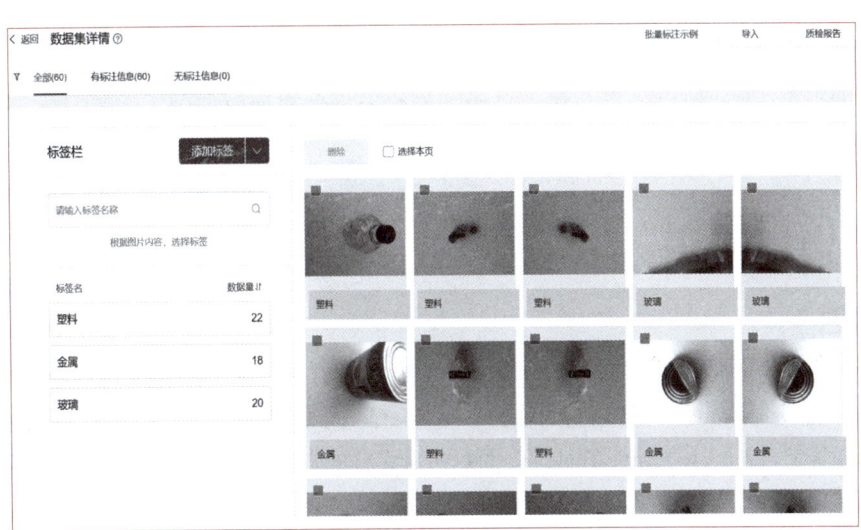

图 2-29　扩充之后的数据集展示

2.5　项目拓展

通过学习，了解了人工智能领域中机器学习与深度学习的相关概念和知识，知道了人工智能可以根据给定的输入做出预测，例如：

在智能音箱中，它根据人的声音来做出决策，预测人们想让它做什么；

在人脸识别中，它是根据输入的照片，判断照片中的人是谁；

在电子商务网站中，它可以根据一个用户过去的购买记录，预测这位用户对什么商品感兴趣，从而让网站做出相应的推荐。

接下来同学们思考以下两个问题：

① 监督学习要求为每个样本提供一个标签，来说明这个样本是什么。如果在训练机器时，给出的部分数据标签出现了错误，机器学习还能正常开展吗？

② 在给图像加标签时，用1来作为猫标签，用0来作为狗标签。如果反过来，用0作为猫标签，用1作为狗标签，机器还能正常学习吗？

2.6　项目小结

机器学习是一种数据分析技术，通过不断地获取新的知识和技能，重新组织已有的知识结构，从而提高自身的性能。简单来说，机器学习就是利用算法，使得机器能够从大量数据中学习并自动改进其预测和决策能力，而无须进行明确的编程。深度学习是机器学习的一个子集，主要使用了一种特定类型的模型——神经网络，特别是深层次的神经网络，应用的范围更加广泛。机器学习包括多种不同类型的学习方法，如监督学习、无监督学习等，而深度学习更加专注于使用深度神经网络。在机器学习中，数据是至关重要的，通过大量的数据训练，机器能够逐渐掌握某种规律或模式，进而对新的数据进行预测和分类。例如，在图像识别领域，机器学习算法可以通过分析大量的图像数据，学习如何识别不同的对象。

2.7　项目练习

一、选择题

1. 深度学习中的核心概念是（　　）。
   A. 机器学习　　　　B. 神经网络　　　　C. 人工智能　　　　D. 计算机
2. 用机器学习来解决实际任务时，会面对多种多样的数据形式，这些数据不包括（　　）。
   A. 语音　　　　　　B. 文本　　　　　　C. 图像　　　　　　D. 算法
3. 机器学习在进行手写体数字识别时，输入的数据类型是（　　）。

A. 文字　　　　　B. 数字　　　　　C. 图像　　　　　D. 声音
4. 在机器学习流程中，数据在进行特征提取之前，要先经过（　　）步骤。
   A. 预处理　　　　B. 特征转换　　　C. 预测　　　　　D. 学习
5. 监督学习与无监督学习的差别，主要表现在（　　）。
   A. 数据是否相似　　　　　　　　　B. 是否需要训练
   C. 是否为深度学习　　　　　　　　D. 数据是否有标签

二、填空题

1. _____是人工智能领域中专指利用数据进行学习的技术。
2. _____任务根据输入的图片来判断图中的内容。
3. 图像信息都是以_____的形式保存在计算机中的。

三、简答题

1. 监督学习是目前人工智能领域中最常用的方法，该方法和人类学习过程较类似。假设现在要训练机器来识别苹果和梨的图像，请简述监督学习的过程。
2. 现在希望预测宝石的价格，而且知道宝石的价格主要由它的重量和等级确定。如果使用监督学习的方法，收集了一批宝石价格的数据如下表，请问用这些数据训练机器学习模型，表中有几个样本，哪部分是样本的标签？

宝石数据集

重量	等级	价格 / 元
3	2	7 030
4	1	6 010
2	3	7 960

项目3　人工神经网络

3.1　项目描述

小明去郊游，偶到一处突然被深深吸引：好一片山花烂漫！他拿出手机，想用识别软件分辨这些花的名字。这些花有不同的颜色、大小，花瓣的形状也不一样，小明感到好奇，自己手机里的软件到底是怎么辨别这些花朵的呢？这里面有些花连自己都看不出有什么区别，但识别软件却能将它们分辨出来。

小明已经了解到，现在的识别软件都采用了深度学习和神经网络的技术，但神经网络又是怎么做到对一张图片的内容进行识别的呢？深度学习和神经网络又是什么关系呢？这是小明非常想了解的内容。

3.2　项目分析

对于人类来说，看到一张图片，能够分辨图片上有什么动物，如是猫还是狗；听到一首歌曲，能够区分是古典音乐还是流行音乐；看到一段视频，能分辨里面的人物是在跳舞还是在跑步。在生活中，人们经常能准确地判断出一个事物的类型，这是因为人类的大脑有强大的神经网络系统来帮进行感知、分析、推理和决策，使人们能展示出人类独有的高级智能。

为了利用这种智能，科学家也模仿生物神经网络来设计机器学习模型，希望它具备甚至超过人类的智能。人们把这种为机器设计的神经网络，称为人工神经网络，它可以像人类一样对各种数据进行感知、分析，并推理出结果，帮助人们进行决策。小明手机上的识别软件正是以花朵的图片为输入，利用人工神经网络进行分析后，得出的推理结果。接下来，通过学习来了解人工神经网络的具体结构到底是什么样子的。

3.3　相关知识

人工神经网络是众多人工智能算法中比较接近生物神经网络特性的数学模型，是一种仿生的算法模型。人工神经网络的发展经历了多次起伏，遇到过几次瓶颈，如今，随着大数据的涌现以及硬件计算水平的提升，神经网络又迎来了一个高潮期，成为推动当今人工智能迅速发展的主要动力。

3.3.1 生物神经网络

当前人工智能算法会利用已有的数据训练出一个模型来帮助预测未知的数据,最常用的模型称为人工神经网络(Artificial Neural Network,ANN),是指一系列受生物学启发的模型。这些模型主要是通过对人脑的神经网络进行模拟,构建人工神经元,并按照一定拓扑结构来建立神经元之间的连接,来模拟生物神经网络。在人工智能领域,人工神经网络也常常简称为神经网络(Neural Network,NN)。图3-1所示是生物神经元的基本结构。

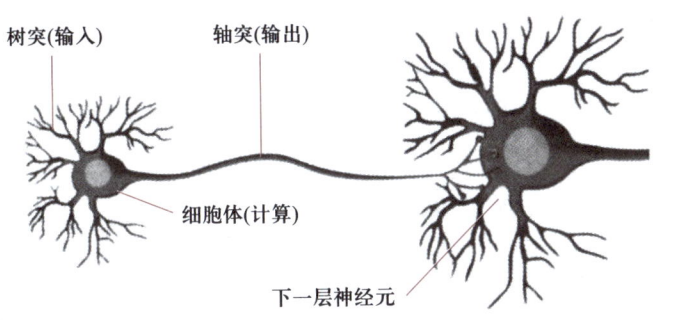

图 3-1 生物神经元的基本结构

人工神经元(Artificial Neuron),简称神经元(Neuron),是构成神经网络的基本单元,其主要是模拟生物神经元的结构和特性,接收一组输入信号并产生输出。生物学家在20世纪初就发现了生物神经元的结构。一个生物神经元通常具有多个树突和一条轴突。树突用来接收信息,轴突用来发送信息。当神经元(细胞体)所获得的输入信号积累超过某个阈值时,它就处于激活状态,产生电脉冲。轴突尾端有许多末梢可以与其他神经元的树突产生连接,并将电脉冲信号传递给其他神经元。因此,生物神经元由以下3部分组成。

① 树突(输入)——接收输入的树状结构。输入可能是来自感觉神经细胞的感觉输入,也可能是来自其他神经细胞的"计算"输入。

② 细胞体(计算)——汇合所有树突的输入,并基于这些信号决定是否激活输出。

③ 轴突(输出)——由细胞体向外冲出的最长的一条分支,一旦细胞体决定激活输出信号,轴突负责传输信号,通过末端的树状结构将信号传递给下一层神经元。

3.3.2 单层人工神经网络

1. 感知机结构

1943年,心理学家McCulloch和数学家Pitts根据生物神经元的结构,提出了一种非常简单的神经元模型:M-P神经元,该模型其实是按照生物神经元的结构和工作原理构造出来的一个抽象和简化了的数学模型,现代人工神经网络中的神经元和M-P神经元的结构并无太多变化。但是由于M-P模型缺乏学习机制,因此,以M-P模型为基础,心理学家于1957年提出一种具有单层计算单元的人工神经网络,称为感知机,它其实就是在M-P模型结构的基础上增加了学习算法,这也是最简单的人工神经网络模型，如图3-2所示。

感知机由3部分组成。

① 输入单元：如图3-2所示的x_1、x_2、x_3，对应图3-1中生物神经元的树突（输入），接收输入信号并传递给感知单元。

② 感知单元：如图3-2所示的计算单元，对应图3-1中生物神经元的细胞体（计算），通过求和的方式汇总所有输入信号。

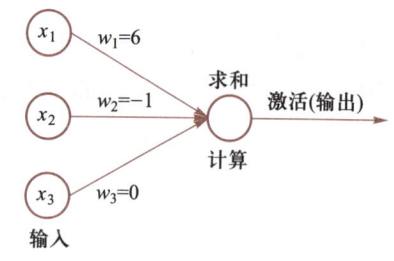

图3-2　简化的单层人工神经网络：感知机

③ 输出单元：如图3-2所示的激活（输出），对应图3-1中生物神经元的轴突（输出），根据感知单元的值判断是否激活细胞体，感知机的输出就是激活的结果，可以传递到下一层的感知机。

在人工神经网络里，连接被简化成了一条线，用于传递信号。由于生物神经元中信息传递时具有不同的强度，使得不同的输入产生的作用各不相同，因此在人工神经网络中，每一个连接都有一个可变的加权值，称为神经网络权值参数，即如图3-2所示中的w_1、w_2、w_3，假设该参数取值分别为6、-1、0，那么输入单元中的值会乘以对应连接上的参数后再传递到感知单元，用于模拟生物神经元中不同连接的强度。感知单元在接收到全部的输入值后，便会把这些值加起来汇总。接下来，感知单元用一个激活函数来决定神经元是否应该被激活，最简单的方法就是判断所有信息汇总后是否大于0，如果大于0，则激活，输出1；如果小于0，则抑制，输出-1。

2. 感知机的预测过程

那么，上面的感知机怎么完成对某事物的预测呢？来看一个例子，某个周末，小明同学正在考虑是否出门去公园游玩，他考虑的条件有以下3个。

① 天气好吗？

② 小明的朋友会不会陪他去？

③ 公园离他家的距离是否很远？

假设这3个条件的取值都只有两个选择：是或否。那么可以用数字1和0代表小明的选择，取值的范围如下：

x_1代表今天的天气，$x_1=1$（好），0（不好）。

x_2代表朋友是否陪他去，$x_2=1$（陪他去），0（不陪他去）。

x_3代表他家离公园的距离，$x_3=1$（近），0（远）。

输出值为1（小明会出门），或者为0（小明不出门）。

如果以上条件满足：天气好（$x_1=1$），有朋友陪他去（$x_2=1$），公园离家远（$x_3=0$），那么把这些信息输入到神经网络中，得到的结果如图3-3所示。可以看到，输入数值乘以对应连接的权值参数后，传递到感知单元汇总的值为5（大于0），因此，神经元被激活输出1，得出结论：小明会

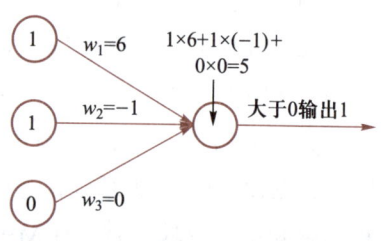

图3-3　人工神经网络预测结果

出门去公园游玩。

3. 感知机的学习机制

现在还有一个疑惑，感知机的3个连接的权值参数为什么取6、-1和0，能不能取其他值呢？实际上，人工神经网络在初始状态下，权值参数的取值是随机的，需要通过大量数据训练，让其学习到小明以往的出门规律后，才能确定正确的参数值。而如图3-3所示中的感知机恰好是经过训练的。也就是说，它已经"看"过了小明以往出门的大量历史数据，掌握了其中的规律，从而确定了神经网络连接的权值参数，相当于学习到了小明的行为特征。图3-4给出了通过小明以往出行记录来训练神经网络的过程，可以把以往出行记录中的大部分用作训练样本（实际中的训练数据可能会有上万条），剩下的用于测试样本，且这些数据都是有标注的。训练样本用于告诉神经网络以往情况下小明的出门情况，让模型根据这些数据学习规律，而测试样本则用来在训练完成后帮助评估模型的学习效果。真实待预测数据的标记列是没有值的，属于未知数据，需要通过训练完成后的模型进行预测。算法在训练时（学习阶段）使用数据集中的训练样本，训练完成后得到一个参数已确定的模型，然后使用测试样本对模型进行测试，观察模型的正确率以确保模型正确掌握了小明的出行规律。如果正确率足够高，表示模型已学会了识别样本内容，可用于实际预测。

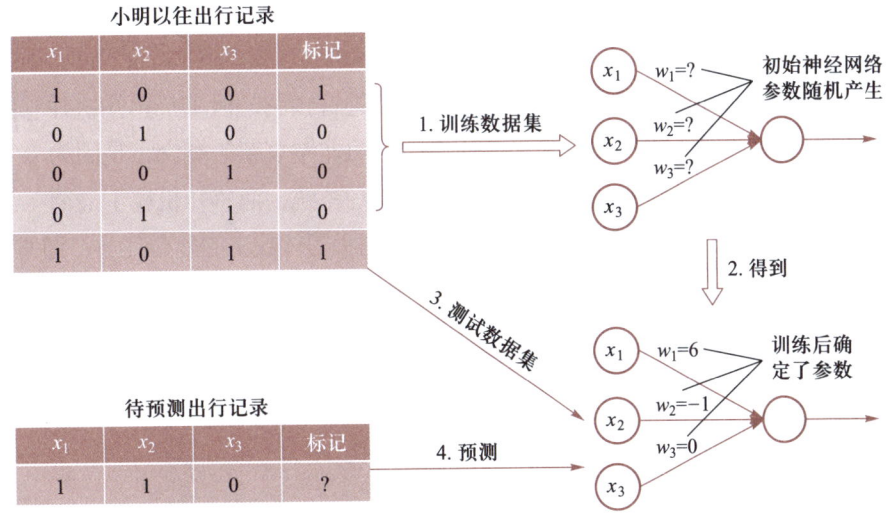

图3-4　神经网络训练过程

从参数的取值结果，也可以分析出小明的一些习惯。例如$w_1=6$对应的是天气的参数，这是一个比较大的值，对神经元是否被激活（是否大于0）起到决定作用，代表小明出门受天气影响很大。$w_2=-1$对应是否有朋友陪他一起，这个参数取负值，当有朋友陪他时（$x_2=1$），乘以w_2后，传递到感知单元的值是负的，会减少神经元的激活值，即产生抑制作用，说明有朋友一起时，反而不太愿意出门（主要还是由天气决定）。第3个参数$w_3=0$对应距离参数，无论输入的距离条件取值为多少，乘以w_3后，传递到感知单元的值都为0，不影响激活值，说明小明以往的出门习惯不受距离因素的影响。

值得注意的是，人工神经网络模型学到的知识是存储在单元之间的连接上的，也即神经元的权重参数。训练算法通过迭代的方法逐步改变单元之间的连接强度（参数大小）来学习知识，这就是感知机的学习算法。如图3-5所示，模型遵循数据输入、输出预测值、修正参数的反复循环迭代的过程。因为一开始参数随机，所以模型输出的预测值不正确，于是算法将计算出预测值与真实值的误差，反馈给模型来对参数进行调整。这里的真实值就是给数据做出的标签值，模型并不会一次将参数调整好，而是每次修改一点点，直到预测值与真实值的误差足够小，因此这个过程会持续很多次，根据参数的数量而有所不同。

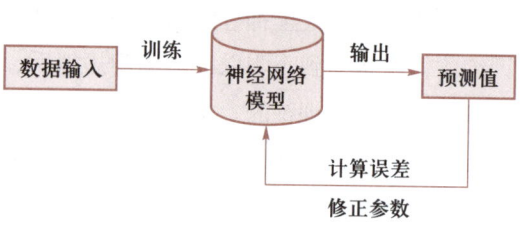

图 3-5　神经网络的学习机制

现在已经知道了，由于神经网络初始状态下参数是随机产生的，此时并不能做出任何准确的预测，必须输入大量的数据进行训练从而确定其中的参数，使其从数据中学习到知识。这一点也类似于人类的大脑，人在刚出生时，大脑的神经元还没有完好地发育，之后人通过接受教育，学习到知识，刺激神经元之间的连接加强或抑制，对应着人的大脑进行训练的过程。

3.3.3　深层神经网络

1. 深层神经网络结构

现在已经了解到感知机可以帮助人们对一些事件进行预测，但单个感知机并不是很强大，只能完成简单的任务。人类之所以能学习非常复杂的概念，是因为人脑的神经网络是由数以亿计的神经元组成的复杂神经系统，而感知机属于最简单的单层神经网络。为了让人工神经网络学习诸如识别手写体数字的复杂任务，通常会把数量更多的感知机连接在一起从而组成更高级的网络，称为深层神经网络，其结构如图3-6所示。

微课 3-3：
深层神经网络

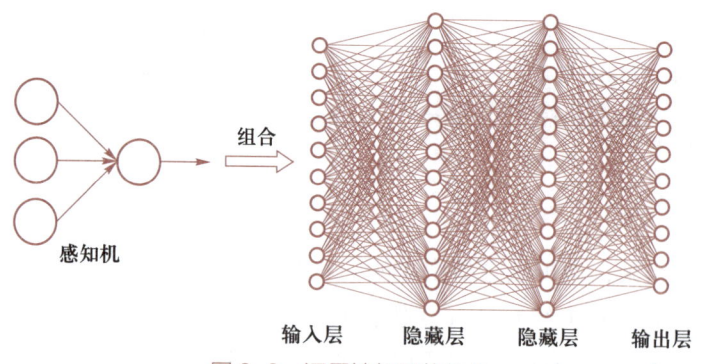

图 3-6　深层神经网络结构

深层神经网络包含输入层、输出层和中间的隐藏层，其中输入层和输出层均只有一层，而隐藏层可以有多层，并且每一个神经元与相邻层的所有神经元之间都有连接，因此也被称为全连接神经网络。目前比较复杂的人工神经网络具有上百个隐藏层，这些隐藏层可以从原始输入中逐步提取各种特征，深度学习中的"深度"指的就是在神经网络中使用了很多层。

由此可见，深度学习在一定程度上可以说就等于深层神经网络。但同时也要注意，由于神经元增加了，神经元之间的连接也变得更多，而每一个连接都具有一个需要学习才能确定的权值参数，所以网络越深，参数也就越多，训练的过程也就更长。

2. 识别鸢尾花

下面介绍怎么利用人工神经网络模型来预测鸢尾花的品种类别。图3-7所示是一个鸢尾花数据集。该数据集总共有150个数据样本，分为3类，每类50个数据，统计了花萼长度、花萼宽度、花瓣长度、花瓣宽度4个属性，要求通过这4个属性来预测鸢尾花属于山鸢尾、杂色鸢尾、弗吉尼亚鸢尾3个种类中的哪一类。

花萼长度	花萼宽度	花瓣长度	花瓣宽度	类别
4.9	3.0	1.4	0.2	山鸢尾
5.1	3.3	1.7	0.5	山鸢尾
5.0	2.3	3.3	1.0	杂色鸢尾
6.4	2.8	5.6	2.2	弗吉尼亚鸢尾

鸢尾花　　　　　　　　　鸢尾花数据

图 3-7　鸢尾花数据集

接下来根据该数据集构建出一个如图3-8所示的人工神经网络，这个神经网络除了输入层和输出层之外，包含两个隐藏层，每个隐藏层有3个神经元。需要注意的是，隐藏层的数量和每一个隐藏层中神经元的数量是根据任务的复杂度而定的，在拿到一个数据集的时候，可以尝试不同的隐藏层结构，训练多个神经网络从而找出最佳的那一个。也就是说，这是一个带有试验性的任务，并没有严格的规定，需要反复尝试。

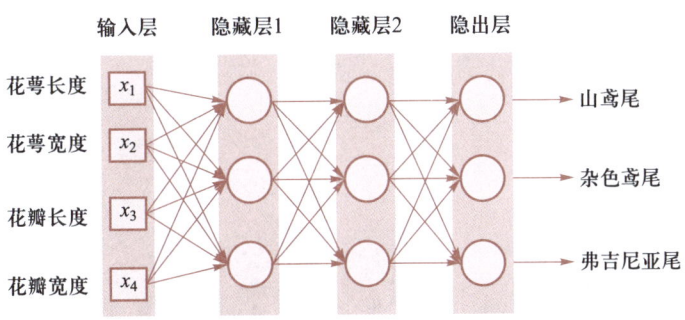

图 3-8　识别鸢尾花的人工神经网络

但是输入层和输出层的神经元数量是确定的。首先，数据集中每个样本有4个属性，因此输入层的神经元必须是4个，分别用来接收鸢尾花的4个特征数据。输出层有3个神经元，对应的是数据集中鸢尾花的3个类别，当神经网络识别出样本是某个类别时，该类别在输出层的对应神经元就被激活（输出1），代表预测出的结果。

3. 识别手写体数字

以上识别的数据实际上属于文本数据，那么，神经网络是怎么识别图片的呢？下面介绍怎么用这个深层神经网络识别手写体数字。如图3-9所示，所采用的数据集一共有7万张手写数字图片，把其中6万张用于训练模型，剩下1万张用于测试识别效果。

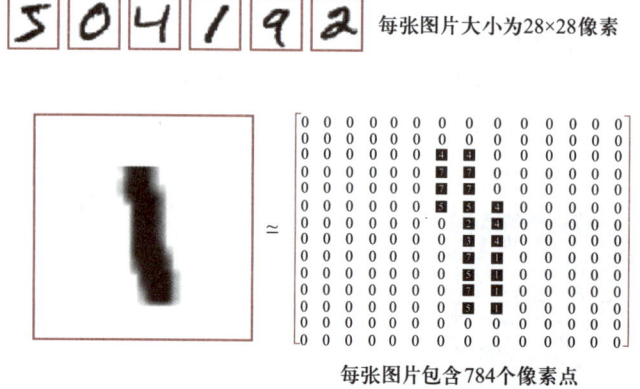

图 3-9 手写体数字的图片大小

每个数字都使用一张28×28像素的图片，那么每一张图片就有784像素，又因为需要预测的数字总共有10个类别，因此需要设计一个有784个输入单元和10个输出单元的深层神经网络。

最后构造出的深层神经网络如图3-10所示，共有784个输入单元和10个输出单元。把每张图片按列拼接成一条直线（784个元素的一维数组），刚好可以输入到这个深层神经网络中，输出单元数量对应预测数字的类别，数字为几，相应的输出单元就被激活（输出1），其他单元都被抑制（输出0）。如图3-10所示中采用的神经网络一共有3层，并没有想象中有那么深的层数，这是因为用于训练深层神经网络的图片数量有限。随着神经网络层数的加深，神经元就会增多，神经元之间的连接也会更多，会产生大量的参数，就需要更多的数据才能完成训练，使参数调整到最佳值。但即使没有采用非常深的层数，这种用来识别数字的神经网络模型也需要6万张不同手写体的图片，才能保证模型得到较好的训练。

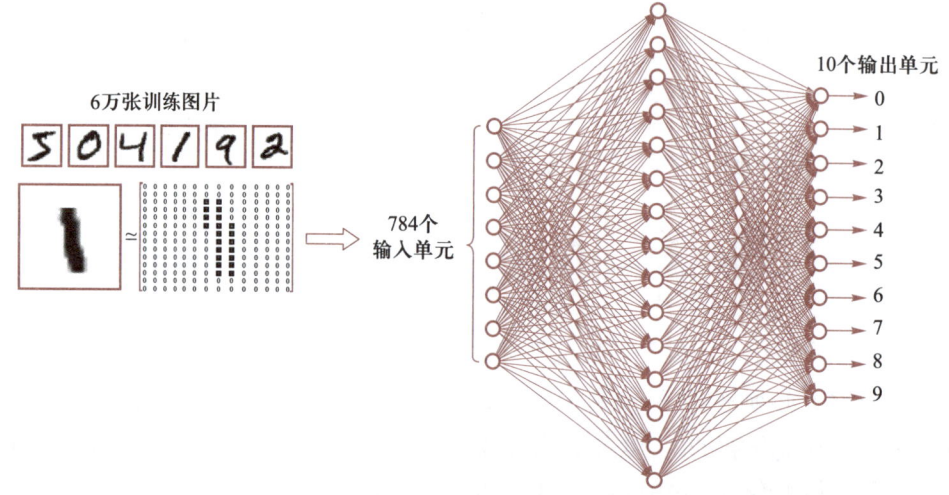

图 3-10 用于识别手写体数字的深层神经网络

由此可见，要想让神经网络有更加强大的识别能力，就需要组合更多的神经元，因此深层神经网络往往能完成复杂的任务。同时，随着神经元的增加，神经网络参数的数量也会变多，就需要输入更多的数据进行训练。例如，用于人脸识别的神经网络，可能需要一个有几百万张人脸图片的数据集。

3.4 项目实施

微课 3-4：
项目实施

读者目前已经学习了神经网络强大的分类能力，只要模型足够深，无论是文本还是图像都能分类，现在通过百度 EasyDL 平台来练习车辆类型识别。

步骤 1：创建车辆类型识别模型

进入 EasyDL 平台，选择"图像分类"，然后在左侧选择"模型训练"，如图 3-11 所示。此时还没有任务模型，单击"训练模型"按钮。

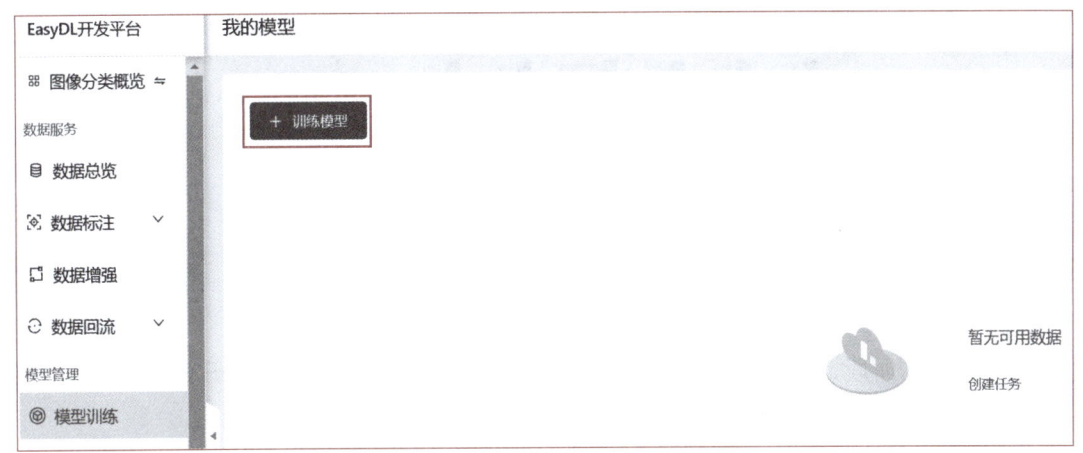

图 3-11　创建车辆类型识别的模型

步骤 2：模型准备

在模型准备阶段，如图 3-12 所示，选择"创建新模型"单选按钮，并为其填写上相关信息。

步骤 3：数据准备

在数据准备阶段，因为没有自己的汽车数据集，所以选择平台准备的公开数据集，如图 3-13 所示，选择"汽车类型分类 V1"数据集，可以看到，这个数据集中有 6 个类别的汽车图片共 840 张，并且都已经标记好了，可以直接使用。

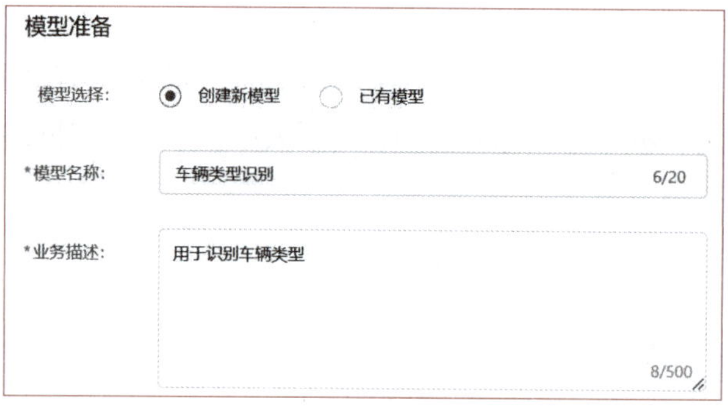

图 3-12　填写模型信息

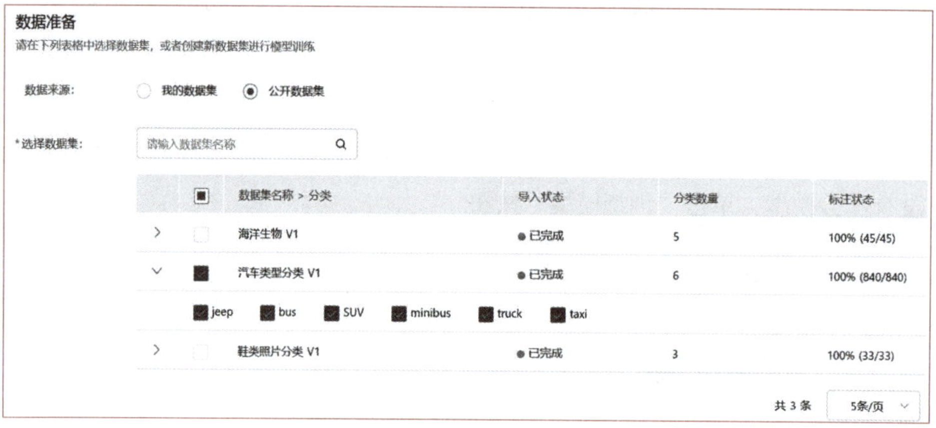

图 3-13　选择数据集信息

步骤 4：配置信息

在训练配置阶段，如图 3-14 所示，选择图中相应的配置信息，然后开始训练。训练完成后，可以看到最终模型的预测效果。

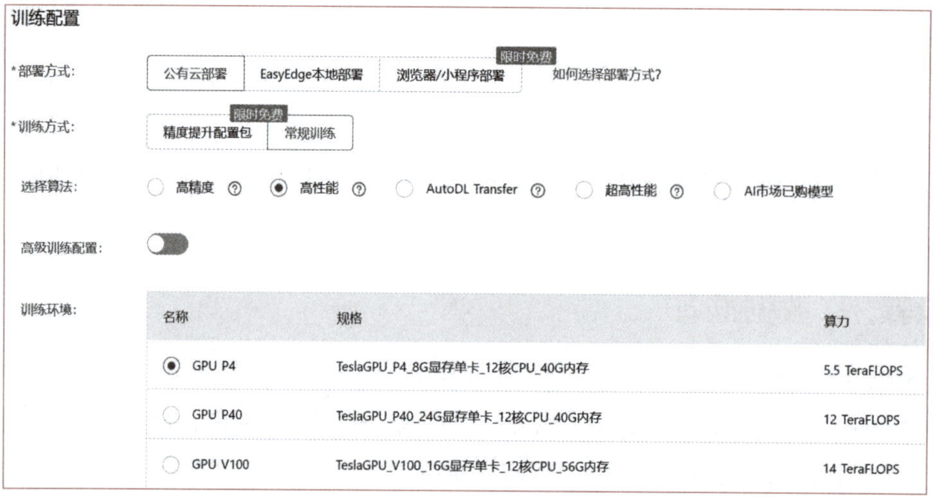

图 3-14　选择训练配置信息

3.5 项目拓展

深层的神经网络具有更多的神经元以及神经元之间的连接,当神经网络的层数足够深时,它的预测能力也就越强,因此可以用一个深层的神经网络来预测手写体数字。但这也带来了不足,越是复杂的神经网络,想要训练好它就需要更多的数据样本。不过,如今人们已有很多方法来获取数据,相比起数据获取,更难的反而是给每个数据样本打上标签。请思考,如果数据没有标记,神经网络还能不能工作?

3.6 项目小结

通过学习,读者已经了解了人工智能领域中神经网络的相关概念和知识,知道了神经网络是怎么识别事物的。

神经网络是机器学习领域中的一种重要算法,它受人类大脑结构的启发,通过模拟人脑神经系统的组织结构,以高度灵活的方式处理复杂数据模式,广泛应用于图像识别、语音识别、自然语言处理、推荐系统及自动驾驶等诸多前沿科技领域。神经网络的训练是一个迭代优化的过程,涵盖从随机初始化参数,向前传播获得预测,计算误差,反馈误差修改模型参数,然后不断循环往复直至最终算法更新参数到理想状态。

在人工神经网络中,每个圆形节点代表一个人工神经元。这些神经元通过特定的连接方式交互,模拟生物神经网络的工作原理。信息从一个神经元的输出连接到另一个神经元的输入。通过这些连接,信号可以在网络中传递,从一个人工神经元传递到另一个。每两个神经元之间的连接都有一个与之相关的权重值,表示前一个神经元对后一个神经元的影响程度,也就是网络的参数。网络的输出会根据网络的连接方式、权重值的不同而变化。通过调整这些参数,人工神经网络能够学习和适应不同的输入模式,产生预期的输出结果。

3.7 项目练习

一、选择题

1. 人工神经网络的基本组成单元是(   )。
    A. 树　　　　　　　B. 节点　　　　　　C. 矩阵　　　　　　D. 神经元
2. 在神经网络中,权重参数刚开始是(   )。
    A. 1　　　　　　　 B. 0　　　　　　　 C. 随机产生　　　　D. 10
3. 最简单的神经网络又称为(   )。
    A. 感知机　　　　　B. 机器　　　　　　C. 深度模型　　　　D. 神经元

4. 神经网络的参数存储在（　　）。
   A. 轴突　　　　　　　　　　　B. 树突
   C. 神经元　　　　　　　　　　D. 神经元之间的链接
5. 深层神经网络在输入层与输出层之间的层称为（　　）。
   A. 中间层　　B. 隐藏层　　C. 神经元　　D. 深层

二、填空题
   1. 通过对人脑的神经网络进行模拟而设计的模型称为_____。
   2. 构成神经网络的基本单元是_____。
   3. 生物神经元由树突、_____、轴突三部分组成。

三、简答题
   1. 现在要设计一个神经网络用于人脸识别，假设收集了100个人的人脸照片，每个人分别收集了100张，共10 000张人脸组成数据集，每张照片大小为50像素×50像素。请问该如何设计模型，输入和输出层分别要多少神经元，应该设计多少层？同学们可以收集一些人脸照片，然后上传到百度EasyDL平台，训练一个用于识别人脸的神经网络模型。
   2. 简述深层神经网络的发展背景。

项目4 计算机视觉

4.1 项目描述

小明的手机相册中不仅有许多小猫、小狗的照片,还有大量人物、汽车、飞机等照片,而且它们有些同时出现在一张照片里面。虽然小明已经知道识别照片是什么类别属于一个图像分类任务,但是当照片里面有多个物体时,例如既有小猫又有小狗,那么神经网络要怎么对这张照片进行分类呢?

4.2 项目分析

图像分类侧重于处理输入图像中只有单个物体的情况,用来判断这幅图像属于什么类别,如人、动物等大类别,也可以是不同动物种类的小类别等,这些图像级别的任务,相对比较简单,容易理解。但人们经常拍摄或者看到的图像往往具有多个类别。当一幅图像中包含多个类别的很多物体时问题就变得复杂了,小明的任务可被看作目标检测,找出图像中不同物体的位置并判断其类别。目标检测是对图像中所有感兴趣的目标进行分类并能检测出它们各自的位置坐标,属于计算机视觉中的一类,下面将一步步介绍计算机是怎么识别图像中不同的物体。

4.3 相关知识

计算机视觉是人工智能领域的一个重要部分,它涉及图像处理技术、神经网络、机器学习和计算机信息处理等多方面,是一门研究如何使机器"看"的科学,具体来说是利用摄像机和计算机代替人眼对目标进行识别、跟踪和测量等,并进一步做图像处理。与计算机视觉相关的技术已经在人们身边随处可见,它们主要与图像和视频技术相关,例如智能手机相机功能中使用的面部识别和全景图像创建、物体识别和图像恢复。

4.3.1 模式检测

读者现在已经学会了怎么用神经网络给图像分类,所谓图像分类,就是给机

微课 4-1:模式检测

器一幅图像，由机器去判断这幅图像里面有什么样的东西，比如识别手写数字，需要判断图像中的数字是多少，这是一个比较简单的图像分类任务。现在来看一个复杂点的图像识别任务，假设有一个已经做好了标记的动物图像数据集，目标是要训练一个深层神经网络来识别出不同动物的类别。经过前面的学习，可以设计一个如图4-1所示的深层神经网络来进行分类（想想为什么这个任务比数字识别要复杂）。从图中可以看到，数据集中图片的像素是100像素×100像素，为了能输入到神经网络中，将图片中的每列像素依次头尾拼接成一个1×10 000的一维数组，刚好对应输入层的10 000个神经元。

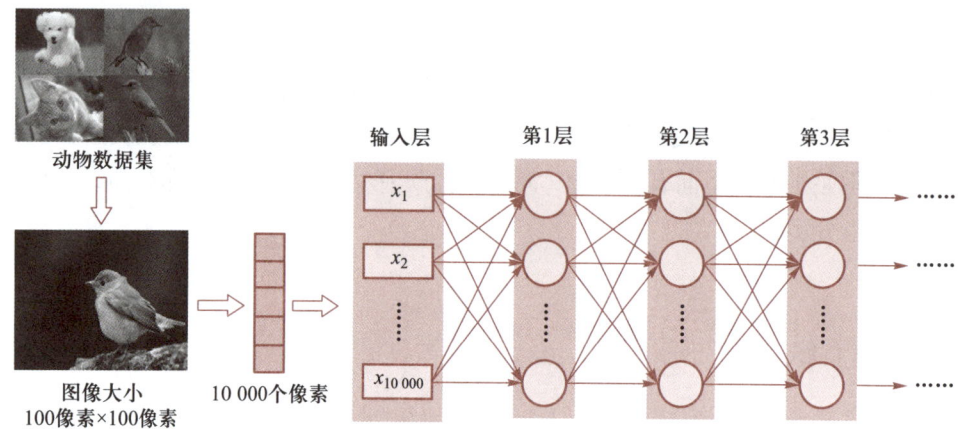

图4-1　深层神经网络识别动物

这是一个用于图像分类的深层神经网络模型，对于这个模型中的神经元而言，它要做的就是检测图像里面有没有出现一些特别重要的模式（特征），这些模式代表了某种动物的特征。观察如图4-2所示中的神经网络在进行识别时第一层神经元的状态，当有一个动物图像输入到神经网络时，第1层中有3个神经元分别看到了鸟嘴、眼睛、鸟爪3个模式，这就代表此时神经网络看到了一只鸟，这是判断图中有没有鸟存在的重要特征。

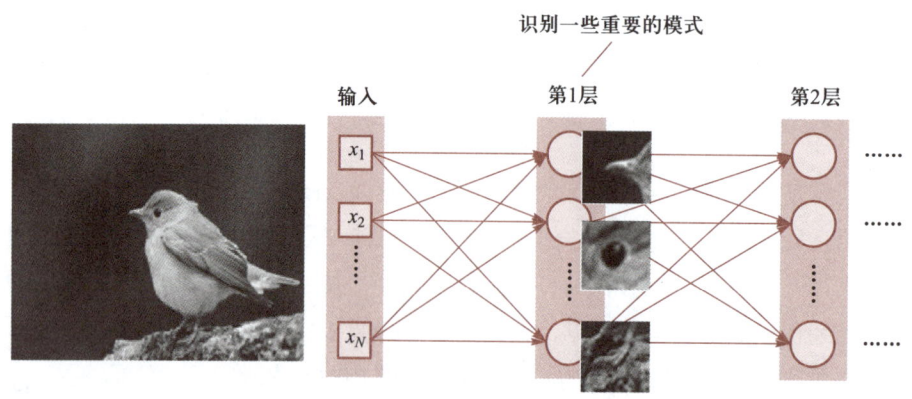

图4-2　深层神经网络可以检测出图像中的模式

人类在判断一个物体的时候，往往也是抓最重要的特征，看到这些特征以后，就会意识到看到了某种物体。对于机器而言，这是一个有效地判断图像中物体的方法。这个过程就是前面项目中所说的特征提取，实际上神经网络的每个神经元都能检测出某种特征，如果输入的数据存在这种特征，对应的神经元就会被激活，将信号传递到下一层继续检测，如图4-3所示。这里的神经元起到了特征检测的作用。

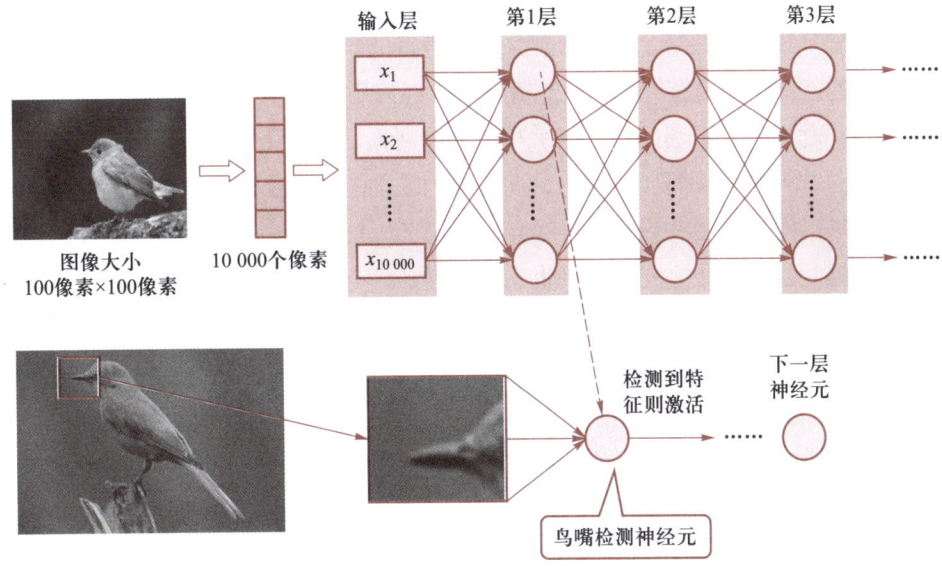

图 4-3 神经元的特征检测作用

需要注意的是，处于同一层的神经元检测到的特征处于同一个级别。各层检测的特征并不是一次就能识别出鸟嘴这样具有抽象意义的高级特征的，而是随着网络的深度逐渐从简单的边缘和颜色信息过渡到更复杂的形状和物体特征。如图4-4所示中的人脸识别任务，最底层的神经元首先提取的是图片中一些边缘特征，随着层级的提高，图片中的一些纹理特征可能会显现。而随着层级继续提高，一些具体的对象会随之显现，如眼睛、鼻子、耳朵等，再

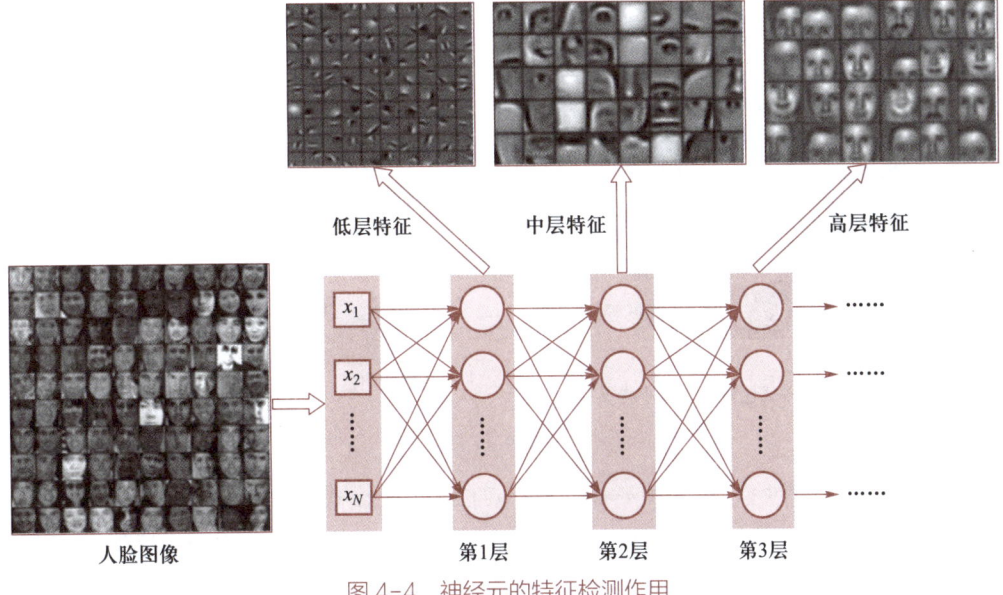

图 4-4 神经元的特征检测作用

到更高层时，整个人脸的特征也就被提取出来，这表示了深层神经网络结构的重要作用，体现了为什么现在都流行深度学习。在深度学习中，较高层的特征是低层特征的组合，而随着深层神经网络从低层到高层，其提取的特征也越来越抽象、越来越涉及"全局"的性质，这种变化反映了神经网络中每个层次都有其特定的功能，从输入层到输出层，特征的表达会越来越抽象，直到形成能表达某个有具体意义的高级特征。也是因为深度学习在特征学习方面有着极为优秀的能力，目前在计算机视觉等领域已经应用得非常广泛。

前文提到，动物图像识别任务是比手写数字识别更复杂的任务，这里指的复杂不是因为特意采用了更深的神经网络而显得复杂，而是因为动物图像中要检测的特征远远多于手写数字，因此深层神经网络需要有更多的神经元，保证能识别出足够的动物特征才能达到一定的分类准确率。但此时神经元之间的连接也会成倍增加，有更多的参数需要训练，该深层神经网络也就需要比手写数字识别更多的训练样本，所以可以看到目前人工智能领域稍微复杂一点的任务，所采用的数据集也会越来越大。

现在来分析图像识别中神经元的一些特点。在深层神经网络中，用每一层的一个神经元来判断某种特定模式是否出现，也许并不需要每个神经元都去看一幅完整的图像，因为并不需要看整幅完整的图像才能判断重要的模式（如鸟嘴、眼睛、鸟爪）是否出现。如图4-5所示，先看第1层的第一个神经元，假设这是一个专门检测鸟嘴的神经元，它与输入层的每个神经元都有一条连接，相当于输入的图像将它所有的像素值都输入到了这个神经元中（其他神经元也有相同的连接方式），说明这个神经元看到了整幅图像的内容，这种神经网络也称为全连接神经网络，目前所接触的都是全连接神经网络。但是，观察输入图像会发现，鸟嘴只占了图像中一个很小的区域，图中有没有一个鸟嘴，只要看非常小的范围就可以了，神经元不需要把整幅图像当作输入，只需要把图像的一小部分当作输入，就足以让它们检测某些特别关键的模式是否出现。

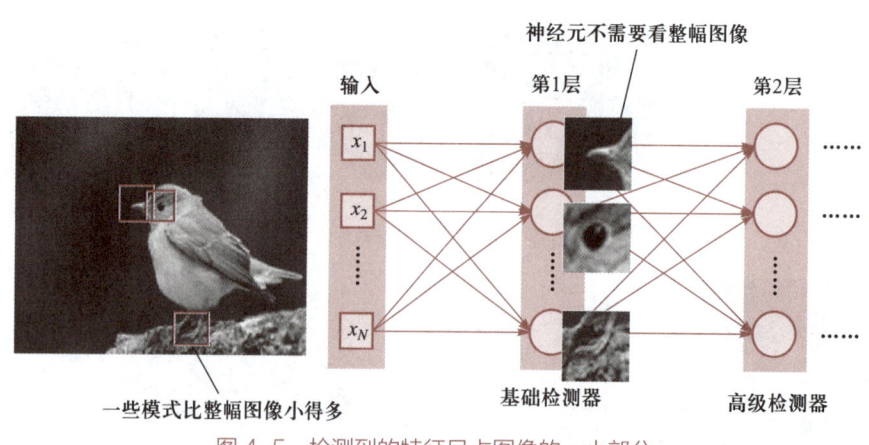

图 4-5　检测到的特征只占图像的一小部分

再来观察另外一个特点，如图4-6所示，同样的一个模式，可能会出现在图像的不同区域。比如说鸟嘴，它可能出现在图像的左上角，也可能出现在图像的中间。这些不同位置的鸟嘴可能需要多个神经元才能检测出来。虽然神经元接收的输入是整个图像，但它自己的感受范围是有限的,只能检测出一定区域的鸟嘴。因此,出现在不同区域的同一个模式,可能需要多个神经元,而每个神经元连接的又是整幅图像,却不能检测图像的每个区域,相当于额外增加了许多参数。

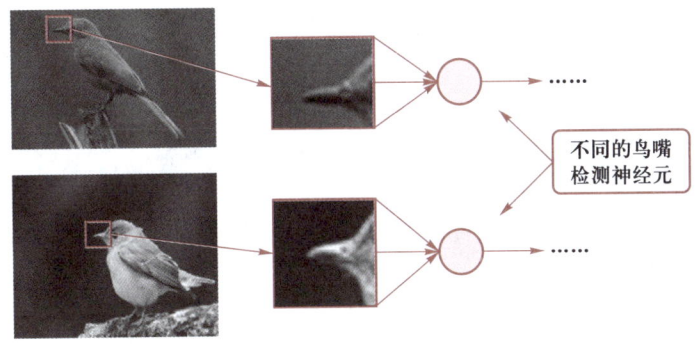

图 4-6　检测图像中不同位置的特征

最后,图像数据是一个矩形,前文也提到过,图像在计算机中也是以矩阵的形式存储的,但输入到神经网络中却需要被拉成一条直线,这也破坏了图像本身的平面结构,可能会造成信息损失。基于这些原因,需要对现在的神经网络进行改进,使其更适合图像识别任务。

4.3.2　卷积神经网络

现在来看一个新的神经网络结构,叫作卷积神经网络(Convolutional Neural Network,CNN)。卷积神经网络是一种现在非常典型的网络结构,常用于图像识别任务中。前文提到,在做图像分类时,将输入图像拉成一条直线会破坏图像的结构,而卷积神经网络不存在这个缺陷,这跟它的整体结构有关,如图4-7所示。

微课 4-2:
卷积神经网络

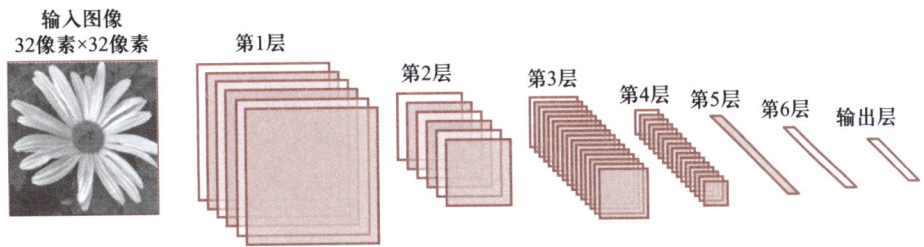

图 4-7　卷积神经网络整体结构

可以看到,卷积神经网络的前面几层也是一个矩形,正好可以接收输入的图像,但是在最后几层变化为了一条直线,这是因为图像会在卷积神经网络中经过一层层的特征提取与转换后,再变为原来全连接神经网络中的样子,所以可以把该结构简化表示为如图4-8所示。整个网络分为两部分,前面由多个卷积层组成,用于接收输入的图像,并对图像中的特征进行提取与转换,后面一部分是由全连接层组成,跟前文介绍的神经网络结构相同,用于接收卷积层提取的特征,并输出分类的结果。因此卷积层部分也称为特征提取器,全连接层部分称为分类器。可以看出，卷积神经网络实际上就是在前面几层抛弃了之前用全连接层检测模式的结构，转而采用了更适合二维平面图像的结构，最后还是利用了全连接层来输出分类的结果。

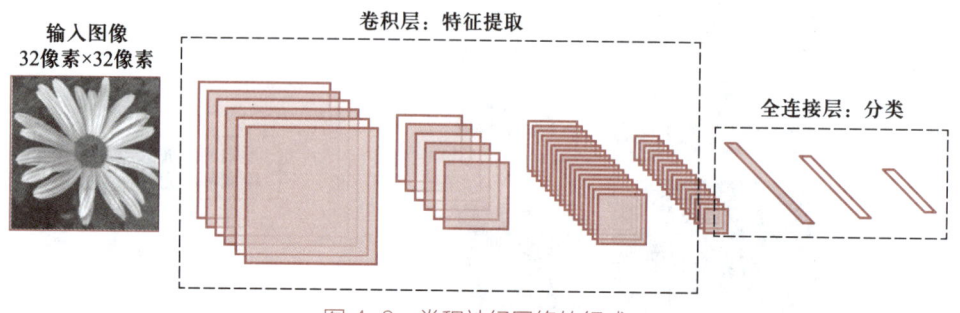

图 4-8　卷积神经网络的组成

卷积神经网络是怎么检测图像中的特征模式的呢？先来看看卷积神经网络中的神经元是怎么组织起来，如图4-9所示。其中需要重点注意的有两点，第一是在卷积层部分，神经元被组织成了一个个的二维平面，尤其是在输入层，神经元组成的平面必须与输入的图像大小保持一致才能完整地接收图像的每个像素；第二是在层与层的连接部分，例如图中第2层，其中的神经元没有与上一层的所有神经元保持连接，而是采用了部分连接，这就是在前面模式检测中分析的，图像中并不是所有区域都存在要提取的特征，不需要将所有神经元都进行连接，这样可以减少模型的参数。随着一层层的特征提取，有用的特征被保留下来，对识别图中内容无用的特征被丢弃了，所以可以看到越靠后的层，神经元越来越少，最后被压缩成一条直线，得到一个包含图像关键信息的特征。这个特征会输入到网络末端的全连接神经网络，这个全连接神经网络只是用来对提取到的图像特征进行分类，本身并没有特征提取的作用。

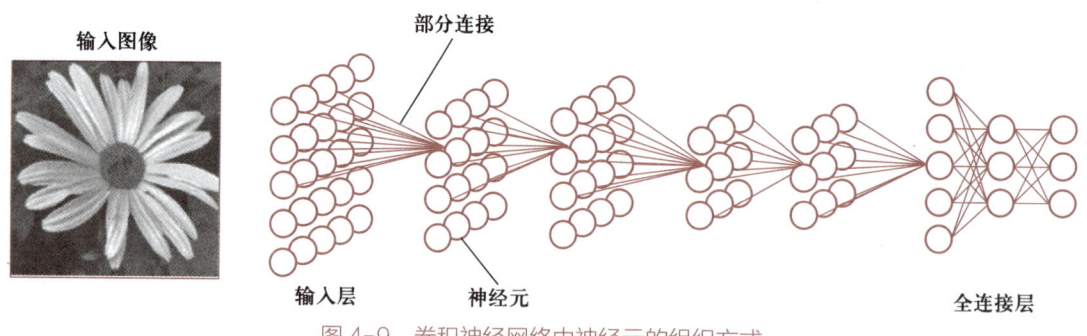

图 4-9　卷积神经网络中神经元的组织方式

卷积神经网络的层与层之间是部分连接的，那么它是怎么从一整幅图像中找到特征的呢？来看如图4-10所示中的例子，图中输入的是由红、绿、蓝三个通道组成的彩色图片，称为RGB图片，因此输入的图片由3层叠在一起。在卷积层，由于只有部分连接，因此该层上的一个神经元只能检测到输入图片的一个有限区域，并通过一个叫作卷积的操作来计算这个区域有没有相关的特征，如果有，则这个神经元就会被激活，并传递到下一层的神经元继续检测。

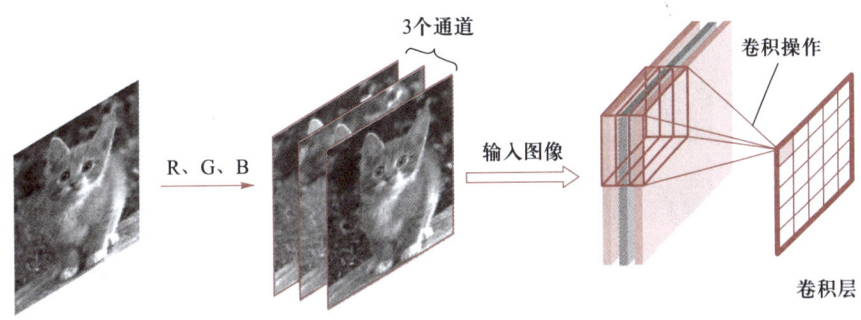

图 4-10 卷积层的局部连接

同一层的其他神经元会按从左到右、从上到下的顺序依次检测对应的区域，直到图片中所有区域都检测完毕，过程如图4-11所示，这种检测的方式称为滑动扫描。扫描过程中，如果某个神经元的扫描区域内存在待检测的特征，该神经元就会被激活。卷积神经网络通过这种滑动扫描的方式，将图像中各个位置出现的特征检测出来，这些特征会继续往下传递，进行层层转换，直到最后的全连接层进行图片分类。

了解完卷积神经网络，可以发现，它似乎就是为图像识别而生。首先，神经元的排列方式为平面矩形，正好对应了图像的平面形态，不需要像全连接神经网络那样，被拉成一条直

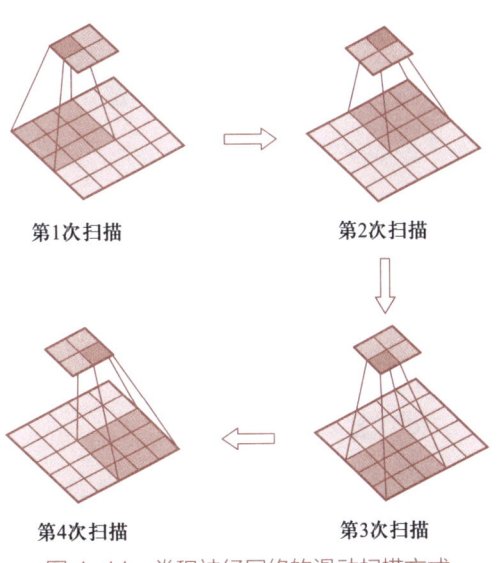

图 4-11 卷积神经网络的滑动扫描方式

线后才能使用。其次，不同层之间的连接为局部连接，连接数量减少很多，也就等同于节省了大量参数，可以降低训练样本数量。最后，这种局部的连接每次只检测图像中的一小块区域，而如图4-6所示，图像中的特征本身也只占据了一小部分，所以不需要一次检测整张图，这又进一步使模型简化。这些特点使得卷积神经网络在图像识别领域大放异彩。目前，卷积神经网络的应用还在不断扩展和深化，一些研究者尝试将卷积神经网络应用于医学图像分析、自动驾驶、工业检测等领域。随着深度学习技术的不断发展，该模型也在不断地进行优化和拓展，将在更多的场景中得到应用。

（1）垃圾分类

下面来看几个利用卷积神经网络进行图像分类的例子。比如对垃圾进行分类，这看似是微不足道的小事，实则关系到生活环境的改善。现实中的生活垃圾种类繁多，人们在分类时经常遇到不易分类的垃圾，很多人会产生困扰，于是可以让卷积神经网络来对垃圾图片自动分类。首先，要收集一个垃圾图片数据集，如图4-12所示，是一个总共包含5万张图片的垃圾分类数据集，给这些图片标记出5个类别，分别是硬纸、玻璃、金属、报纸和塑料，每个

类别有1万张图片。

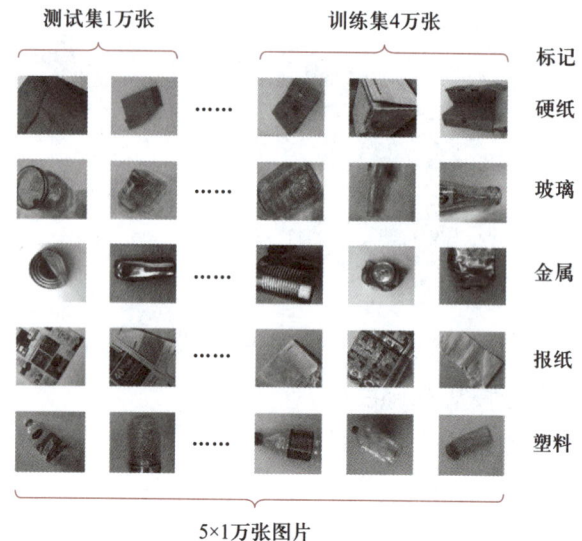

图 4-12 垃圾分类图片

然后将这5万张图片每张都缩放到64像素×64像素的大小,这是因为收集到的原始图片的分辨率可能大小不一,而卷积神经网络第1层神经元数量跟输入图片的大小是固定对应的,不统一分辨率有些图片将无法输入到网络中,具体结构如图4-13所示。

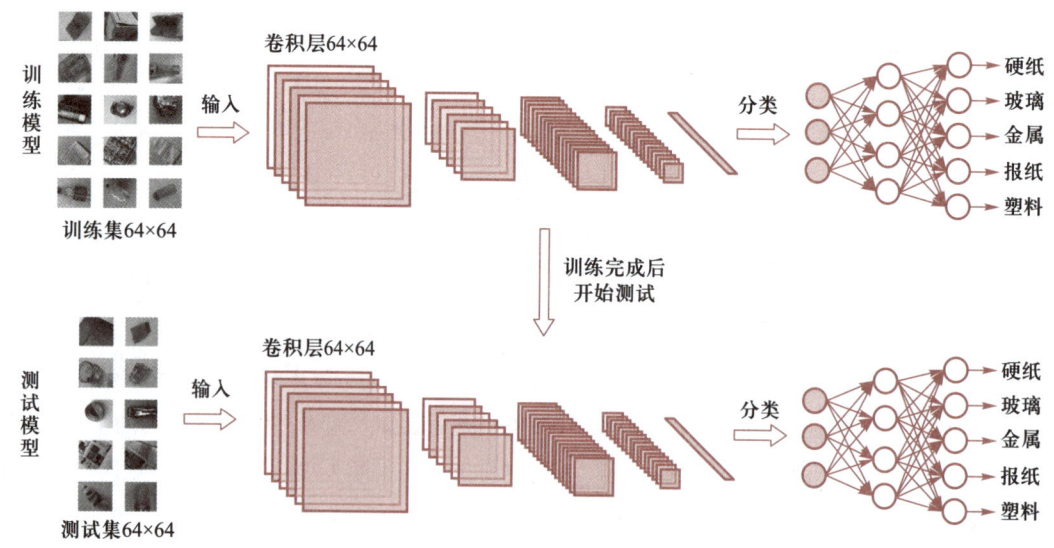

图 4-13 卷积神经网络识别垃圾图片

模型首先用训练集进行训练,训练完成后利用测试集评价模型效果。整体结构依然是先用卷积层提取特征,然后将提取的特征输入到全连接神经网络进行分类,最后的输出层有5个神经元,分别对应垃圾的5个类别。这里需要注意的是,因为只标记出了5个类别,所以训练完成后,该模型也只能识别这5类垃圾,对于模型没见过的垃圾类别,比如厨余垃圾,模型会在标记的这5个类别中选一个最相似的输出。

（2）螺母对比

除了对单张图片分类，还可以稍微改进一下，同时对两张图片进行对比。这次的任务是判断两个螺母是不是同一个类别，会使用到两个卷积神经网络进行判断，因为两个网络结构一样，所以称为孪生网络，结构如图4-14所示。

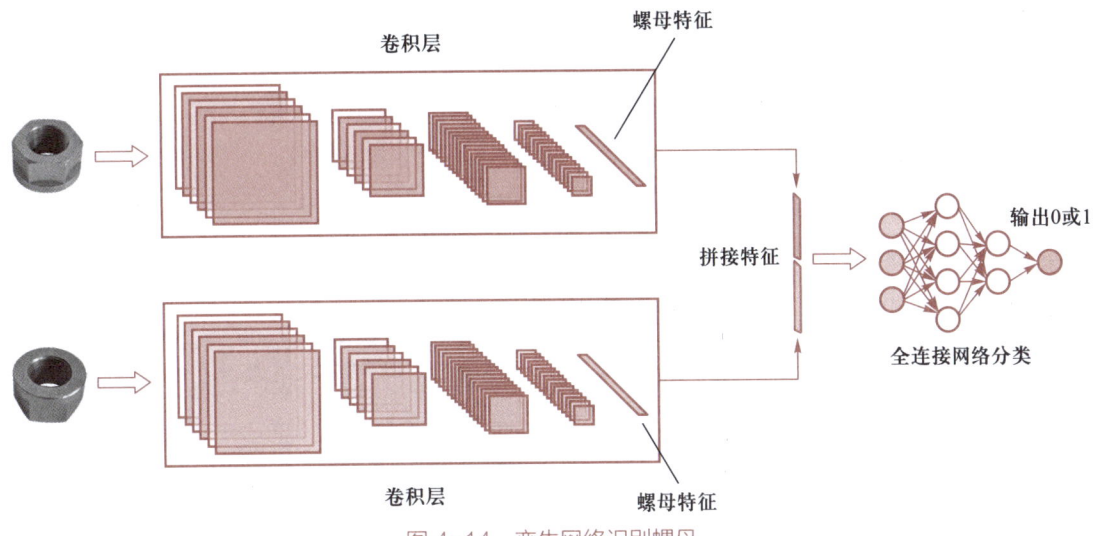

图4-14 孪生网络识别螺母

图中的孪生网络包含了两个在结构上一模一样的卷积模块，它们是卷积神经网络去掉最后的全连接层后留下的卷积层，其中第1层神经元跟输入图片的分辨率也都采用了64像素×64像素，因为全连接层主要用作分类，而卷积层主要是对图像中的特征进行提取，所以孪生网络就利用了卷积层的这种能力，分别对两个螺母图像中的特征进行提取。两个模块同时进行，经过模块中各个卷积层的提取后，最后一层得到一维的螺母特征，此时不直接将它们输入到全连接层分类，而是将这两个特征拼接起来，输入到同一个全连接神经网络中，拼接后的特征融合了两个螺母的信息，如果两个螺母相似，则它们的特征也会相似，分类器最终输出1；反之则输出0。需要注意的是，在这之前仍然需要用大量的带标记的螺母图像对该孪生网络进行训练。

4.3.3 目标检测

计算机视觉领域的另一核心问题就是目标检测，任务是找出图像中所有感兴趣的目标（物体），确定它们的类别和位置。该任务偏向于找出一幅输入图像中包含多个类别的很多物体，如图4-15所示，在自动驾驶领域，车载的摄像头、雷达等传感器看到的图像往往都是具有多个类别的物体，比较复杂，系统需要找出图像中不同物体的位置并判断其类别。由于各类物体有不同的外观、形状、姿态，再加上光照、遮挡等因素的干扰，目标检测在计算机视觉中也是一项具有挑战性的任务，卷积神经网络在物体检测领域也有广泛的应用。

图 4-15 目标检测需要在一幅图像中找出多个物体

图像分类侧重于输入图像中只有单个物体，用来判断这幅图像属于什么类别，如人、动物等大类别，也可以是不同种类的动物，如大象、河马等小类别，这些图像级别的任务，读者已经可以通过卷积神经网络做到了，这类任务相对要简单，步骤更少也更容易理解。然而，现在要解决的目标检测任务，如图 4-16 所示，是一个分类问题和检测问题的叠加，分类是区分目标属于哪个类别，检测是用来确定

图 4-16 图像分类与目标检测的区别

目标在图像中的位置，并且同一图像中也可能出现多个待检测的目标。

为了让事情变得简单，可以将这两个问题分开看待。一是分类，分类任务关注整体，给出的是整张图片的内容描述，这是最基本的图像识别任务，卷积神经网络完全有能力胜任，这为任务的完成提供了基础的条件；二是检测，检测任务关注图像中多个特定的物体，并确定这一目标的位置。既然基础的条件已经有了，那么能不能利用现有的知识完成这个任务呢？根据以上分析的图像分类与目标检测的特点，可以设计一个如图 4-17 所示的检测模型。

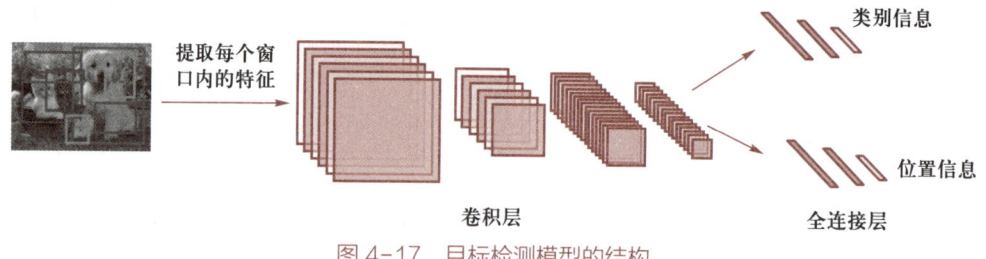

图 4-17 目标检测模型的结构

既然卷积神经网络已经可以很好地对图像进行分类了，那么可以利用它的分类能力，将输入的图像划分出多个窗口，让其针对每个窗口进行特征提取，识别出窗口中内容的类别。同时，在输出端增加一个全连接层分类器，用于输出目标的位置信息，位置可以表示为框住物体的矩形窗口的坐标，这样模型就能同时找出图像中某一区域物体的类别和位置。所以可以将目标检测流程分为区域选取、特征提取、分类与定位 3 个阶段，如图 4-18 所示。

图 4-18 目标检测流程

然而模型事先并不知道图像中哪里有物体,那么窗口应该怎么选择呢?基于这个问题,可以采用滑动扫描的方式,如图 4-19 所示,通过不同大小的窗口从左到右,从上到下地在整张图片上以一定的步长进行滑动,每次滑动时对当前窗口执行分类计算。如果模型在当前窗口内识别到了目标,则会认为检测到了物体,同时输出该物体在图像中的坐标信息。

滑动扫描是一个比较简单直接的方法,因为并不知道图像中哪些位置会有物体,也不知道物体的大小,所以必须在图像中用不同大小、不同长宽比的候选框在整幅图像上进行穷尽式的扫描,然后用卷积神经网络提取窗口内的特征,再送入分类器判断类别和位置,如图 4-20 所示。有时多个窗口会重叠找出同一个物体,每个窗口都会被卷积神经网络进行分类并输出坐标,这种情况下需要将输出坐标合并成一个窗口。

图 4-19 滑动窗口扫描图像中的区域

图 4-20 合并滑动窗口

(1)缺陷检测

接下来看看工业领域中是怎么应用目标检测的。在工业自动化和质量控制领域,物体表面缺陷检测技术扮演着至关重要的角色。读者可以利用卷积神经网络分类和定位各种器件的表面缺陷,如划痕、凹陷、裂纹等,如图 4-21 所示。

先是收集数据并做标记,目标检测的数据需要做两个标记,一个是将图像中待检测的物体用矩形窗口框出来,并记录坐标值;另一个是要标记该窗口内的物体类别,图中共标记了缺色、凹陷、污渍、划痕、裂纹 5 个类别,因为目标检测要学习两种信息,一种用于对物体分类,另一种对物体定位,如图 4-22 所示。

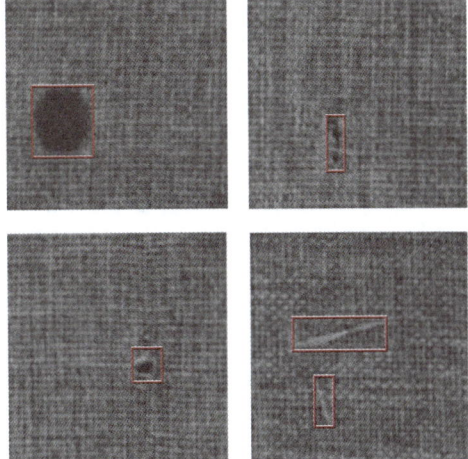

图 4-21 表面缺陷的检测

训练模型时,输入层接收标记好的表面缺陷数据,卷积层通过滑动窗口在数据上扫描各种大小、长宽不同的区域,对其进行特征提取,然后在全连接层预测类别与位置坐标,并与标记值进行比较,根据误差修正模型参数,直到训练完成,使模型学会正确的分类与坐标值的预测,如图4-23所示。

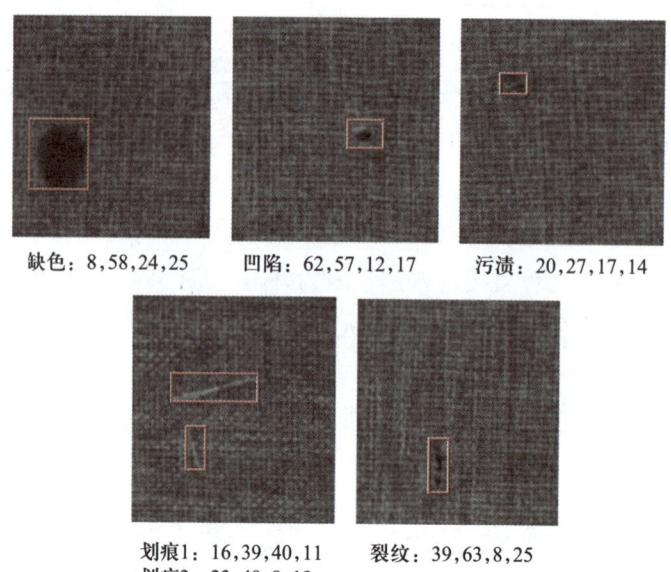

图4-22 表面缺陷数据集的标记

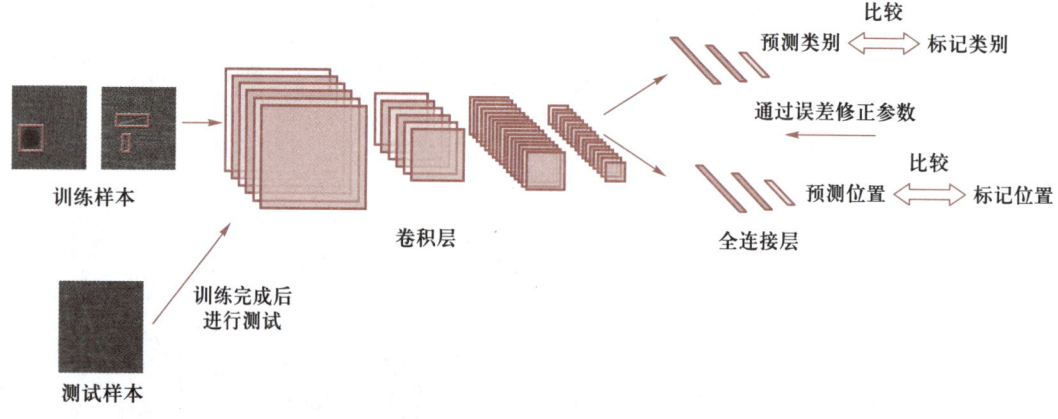

图4-23 表面缺陷检测的训练过程

(2)车牌号识别

下面来看一个交通场景中的车牌号识别任务。目前车牌号识别系统应用得非常广泛,停车场、小区出入口、商场等,凡是停车的地方,都免不了自动识别车牌号,如果用神经网络来进行识别,需要将这个任务看作两个阶段的目标检测,第一个阶段检测出车牌;第二阶段在已检测出的车牌上,再次检测出车牌号。具体有以下几个步骤:① 收集车辆照片并标记出其中的车牌和车牌号信息;② 利用标记的数据训练两个神经网络,分别用来检测车牌与车牌上的号码;③ 将训练好的模型进行车牌识别任务。

因为有两个目标检测任务,所以数据的标记也有两类,如图4-24所示,首先要在汽车图片中标记出车牌,包括类别和定位信息,这类数据只针对整个车牌,不包括车牌上的字符。然后对车牌图片中的字符进行标记,同样包括字符的类别和定位信息。图中只显示了部分标记数据，真实的车牌号码标记应该覆盖所有可能出现的中英文字符。

图 4-24 车牌数据标记

得到标记数据后，开始训练模型，如图 4-25 所示，先用车牌数据训练第一个模型 A，使其学会从汽车图像中检测出车牌；然后用车牌号数据训练第二个模型 B，使其学会从车牌图像中检测出车牌号码。

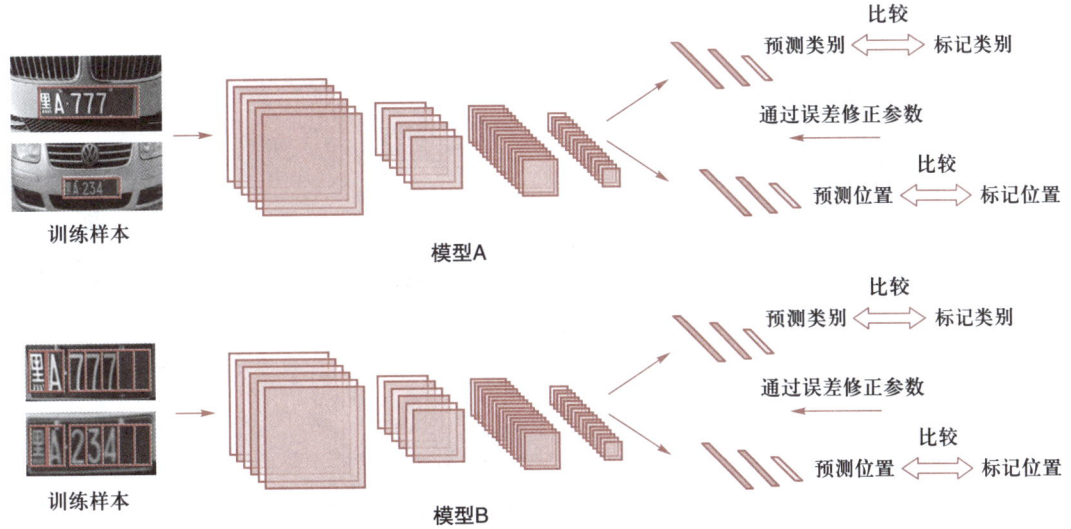

图 4-25 车牌识别模型训练

训练完成后即可用测试样本对其进行测试，如图 4-26 所示，将汽车图片输入第一个模型检测出车牌，根据预测车牌位置坐标从原始输入图片中截取出车牌部分，输入到第二个模型进行车牌号的检测。

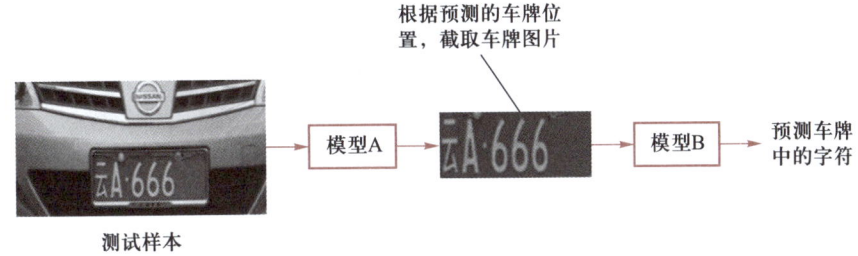

图 4-26 车牌识别模型的测试

4.4 项目实施

读者已经学习了计算机视觉中利用卷积神经网络进行图像识别、物体检测等原理,现在使用百度智能云平台,来实现几个例子。

1. 动物识别

步骤1:打开百度智能云平台

首先,进行动物识别,进入百度智能云平台的动物识别页面,里面有一个动物识别的体验功能,单击页面导航栏的"功能体验",如图4-27所示。

图4-27 百度智能云平台动物识别页面

微课4-4:项目实施

步骤2:上传图片数据

现在准备一些动物图片进行识别,准备的图片如图4-28所示。可以看到,这些图片有些是一张图片中有一个以上的动物,有些图片中除了动物还有人类,有些是卡通类的动物,现在来测试一下能不能正确识别。单击页面中的"本地上传"按钮,依次将这些图片上传。

步骤3:查看结果

可以看到各张图片的识别效果,如图4-29所示,无论是一张图中有多个动物或是还有人类,模型都能准确预测出正确的类别,但对于卡通类型的动物图片却不能很好地识别,想一想这是为什么呢?

图 4-28 动物图片

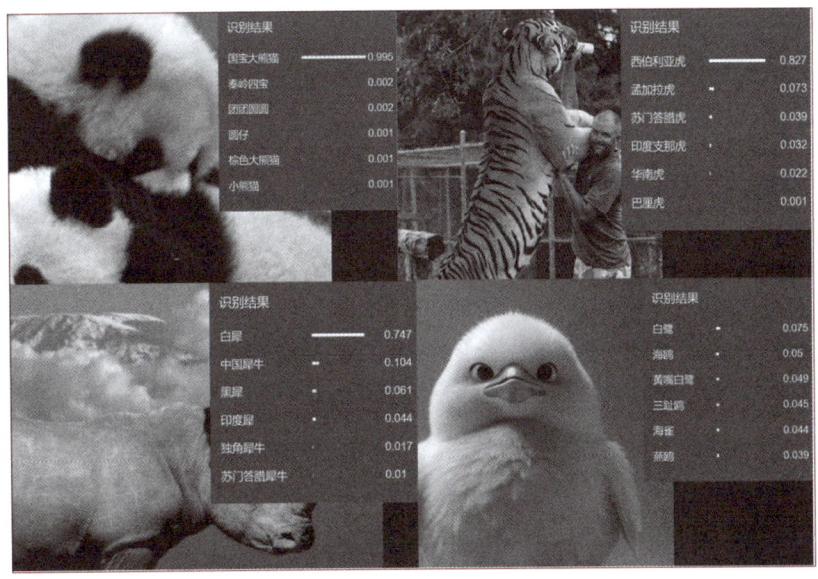

图 4-29 动物识别结果

2. 人脸关键点检测

步骤1:进入百度智能云平台

进入百度智能云平台的人体关键点检测页面,里面同样有一个人体关键点检测的体验功能,如图4-30所示。不仅能检测出图像中的所有人体,还能精准定位人体的21个主要关键点,包含头顶、五官、颈部、四肢主要关节部位等。

图 4-30　人体关键点检测页面

步骤2：上传图片

同学们可以进入这个页面，单击"本地上传"按钮，试着上传一张自己和朋友的照片，查看一下能否检测出人体的各个关键部位。

4.5　项目拓展

通过学习，读者已了解了人工智能领域中计算机视觉的相关概念和知识，也终于知道了小明疑惑的事情，一张图片中有多个物体时应该怎么分类。

进行一个目标检测的主要步骤如下。

① 滑动窗口扫描。这是目标检测的第一步，用不同大小的矩形框扫描图像中尽可能多的区域，后续将判断这一块区域中的图像是否有待检测的物体。

② 特征提取。需要通过卷积神经网络提取滑动窗口扫描出的区域中物体的特征。

③ 分类。提取到特征之后，利用卷积神经网络进行分类，识别是不是待检测的目标。

④ 定位。在特征提取之后，除了分类，同时要对这个目标位置进行预测。这个阶段通常会生成一个矩形框的4个坐标，这些坐标包围了图像中的目标。

人体关键点检测类似于前面介绍的目标检测，在目标检测任务中，寻找图像中的目标，采用的是滑动窗口的方法。滑动窗口是一个个大小不一的矩形框，用这个框去遍历所有的位置以及所有可能的大小，遍历得越精确，检测器的精度就越高。但这也就带来一个问题：检测的耗时非常大。比如输入图片大小是800像素×1 000像素，也就意味着有80万个位置。

窗口大小最小是1像素×1像素，最大是800像素×1 000像素，所以这个遍历的次数几乎是无限次的。还有一种方法，就是将输入图像分为 $S×S$ 个网格，每个网格检测自己范围内的一个物体和它们的边界框，这样可以节省很多扫描时间。思考一下，还有其他节省检测扫描时间的方法吗？

4.6　项目小结

在这一节，读者学习了计算机视觉中的重要概念——卷积神经网络。在卷积神经网络中，卷积操作是指将一个可移动的小窗口在图像上进行滑动寻找特征，然后一层层传递下去，直到全连接层进行分类。利用卷积神经网络，最终完成了目标检测任务，可以在一张图像中找出多个物体并预测该物体的坐标。但是在进行目标检测任务之前，首先得学会图像分类任务，这个任务的特点是输入一张图片，而输出的是它的类别。而目标检测本质上就是对多个物体的分类，另外多了一个预测边界框的任务。最后了解了利用卷积神经网络进行车牌识别的案例。

4.7　项目练习

一、选择题

1. 在图像识别任务中，卷积神经网络的（　　）主要负责特征提取。
   A. 输入层　　　　　　　　　B. 卷积层
   C. 输出层　　　　　　　　　D. 全连接层
2. 图像识别任务中，（　　）步骤通常涉及将图像调整为固定大小。
   A. 数据预处理　　　　　　　B. 特征提取
   C. 分类　　　　　　　　　　D. 测试
3. （　　）神经网络结构特别适用于处理具有矩形结构的图像数据。
   A. 感知机　　　　　　　　　B. 全连接神经网络
   C. 卷积神经网络　　　　　　D. 神经元
4. 识别一幅图像中有多少个物体及其所处位置，称（　　）任务。
   A. 图像识别　　　　　　　　B. 图像分类
   C. 目标定位　　　　　　　　D. 目标检测
5. 在用CNN进行图像分类时，全连接层的主要作用是（　　）。
   A. 特征提取　　　　　　　　B. 激活
   C. 分类　　　　　　　　　　D. 预处理

二、填空题

1. 卷积神经网络结构包含输入层、_____、全连接层。
2. 卷积层采用_____的方法，大大减少了模型的参数。
3. 目标检测的流程包括_____、特征提取、分类与定位。

三、简答题

1. 在图片分类中，卷积神经网络相比于全连接层神经网络有什么优势？
2. 简述卷积神经网络检测图像中的模式的机制。

项目 5　自然语言处理

5.1　项目描述

文字是传递信息的基本媒介,在互联网高度发达的今天,文字形式的信息也以爆炸式的速度增长。媒体一刻不停地在网络上发布着最新的新闻,人们可以随时随地通过手机谈论着身边的事情,每时每刻都有大量的文字从各种渠道生产出来。面对海量的文本数据,该用什么样的人工智能技术对其进行分析与理解,从而节省人们有限的阅读时间与精力呢?

5.2　项目分析

互联网上的数据飞速增长,其中包含有各种类型的数据,尤其以文本为主。为了使用人工智能技术理解这些文字的内容以及发掘文本的潜在语义,需要建立庞大的语料库,将文字编码为机器能"阅读"的数据格式,当遇到大量的文本信息,诸如博客、新闻、书籍等大文档,怎么快速地从中理解关键信息就是自然语言处理可以发挥作用的地方。本项目将以此为起点,带领读者全面了解自然语言处理的关键技术。

5.3　相关知识

在计算机科学中,将人类语言(如中文和英语)称为"自然"语言,与此相对,用于与计算机交互的语言(如编程语言)被称为"机器"语言。"机器"语言遵循严格的句法规则,计算机也很擅长处理这种高度结构化的语言,但却难以应对人类语言的多变。因为人类语言有大量歧义,而且存在大量不规范的语法,为了让计算机理解人类语言,就需要用到自然语言处理技术(Natural Language Processing,NLP)。这项技术结合了语言学、计算机科学和人工智能等多个领域的知识,可使计算机接收、理解人类语言,并进行相应的分析,最后输出人类能理解的语言。无论是将文本从英语翻译成中文、总结文章主题还是进行人机对话,NLP 都允许机器从文本输入中产生有意义的输出。下面主要从文本表示、文本分类、机器翻译 3 个方面来了解自然语言处理。

5.3.1 文本表示

1. 单词编码

人类通过语言进行交流,语言中包含了十分丰富的信息,不同的语言文字,甚至相同的语言文字,不同的语气,都能表示不同的心情、意图和情感。自然语言处理中的第一个关键步骤是将原始文本转换为计算机可以有效处理的格式。最基本的处理流程如图5-1所示,包括预处理、分词、编码3个步骤。

编码的过程涉及对文本的预处理,然后将文本分解为更小、可管理的单元,这些单元可以是单词、子单词,甚至是单个字符,最后编码为计算机能理解的数字形式,具体如下。

① 预处理。在处理文本之前,文本需要标准化以确保一致性,如删除标点符号以及应用其他规范化技术。对于英文来说还需要统一字母大小写,或者一些缩写的形式,例如:"I'm"和"I am"。

② 分词。预处理后的文本需要拆分为单词,也称为token。例如,句子"我爱北京天安门",分词结果为:"我/爱/北京/天安门",而英文句子的分词相对就简单很多,可以根据单词之间的空格进行拆分。如句子"The quick brown fox jumps over the lazy dog"可以分词为:"The""quick""brown""fox""jumps""over""the""lazy""dog"。

③ 编码。由于计算机以数字为依据进行操作,因此每个token都会转换为数字表示。最简单的方法可以为每个token分配一个唯一的数字标识符,如图5-1所示中为"我/正在/学习/人工智能"分配的数字分别为5,22,16,73。除了这个直接转换为数字的方法,也可以将token转换成一个多维向量的形式,称为独热编码(one-hot),如图5-2所示。

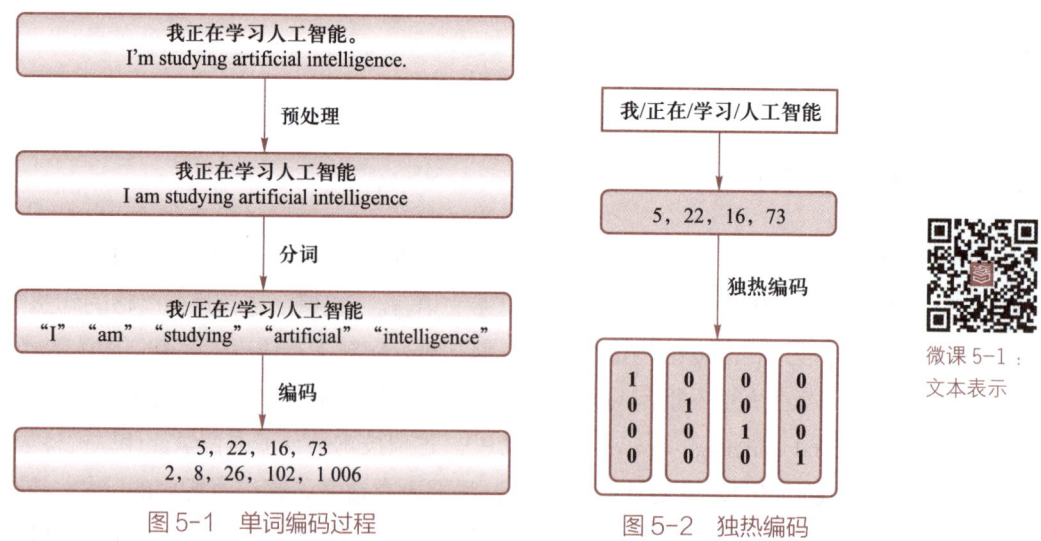

图5-1 单词编码过程   图5-2 独热编码

独热编码的基本思想是使用一个与句子长度一样的向量来表示一个词,向量中只在该词出现的位置设置为1,其余全部为0。如图5-2所示中的句子一共有4个词{我,正在,学习,人工智能},那么向量长度则为4,"我"表示为[1, 0, 0, 0,],"正在"表示为[0, 1, 0, 0],"学习"表示为[0, 0, 1, 0],"人工智能"表示为[0, 0, 0, 1]。

通过以上的流程就可以得到文本在计算机中的表示方法，但独热编码这种表示方法浪费空间，如果句子很长，或者需要表示一整篇文章，那么这个向量会很长，而且里面大部分元素都是无意义的0。更重要的是，无论是数字编码还是独热编码，都无法表示出不同词之间的联系和上下文信息。比如"学习"和"人工智能"在语序上离得很近，所以在编码时也需要体现出这种相邻关系，这样就知道"学习"后面可以添加"人工智能"。再比如"人工智能"与"神经网络"在含义上有一种包含关系，就需要在编码后也包含这种关系，这样就可以在某些条件下用"神经网络"替换"人工智能"这个词。于是，需要使用一种叫作"词嵌入"（Word Embeding）的方法。

2. 词嵌入

词嵌入是自然语言处理领域中的一项关键技术，极大地推动了NLP任务的自动化和智能化发展，它实现了从人类语言中的词汇到计算机可理解的数值的转换。简单来说，词向量是将词汇表中的每个单词映射到一个高维向量的技术。如图5-3所示，将独热编码改成词向量后，男人、女人、国王、皇后4个词语，映射到一个7维的空间中，每个词语都对应了一个7维的向量。这样，每个单词在这个空间内都有一个唯一的、稠密的实数向量作为表示，称为词向量，这种表示方式使得单词之间的语义关系得以在数值上量化。

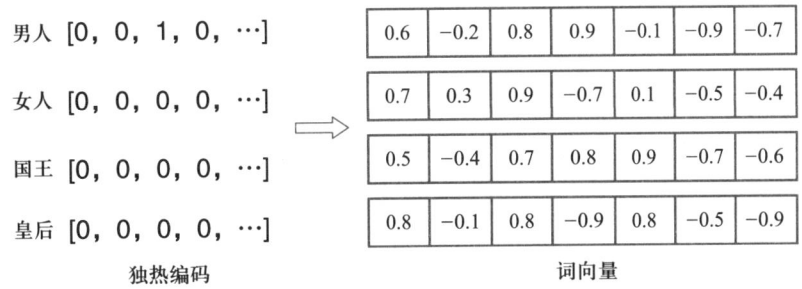

图5-3 词嵌入

词向量可以发掘出词与词的类比关系，这样就可以在词向量上做加法或减法，最后得到一些有趣的结果。例如：国王－男人＋女人＝皇后，国王－皇后＝男人－女人。词向量的类比关系应用还有很多，比如可以按照这种方法表示出：中国－北京＝法国－巴黎，do－did＝go－went，等等。

词向量中每个实数有什么含义呢？下面来看一个用词向量表示不同人的性格的例子。假设小明要做一个性格测试，如图5-4所示，要从不同维度上给自己在0~100的范围打分。

小明认为自己比较外向，给自己在"外向－内向"的维度上打了20分。这里0分是极度外向，100分是极度内向。然后标准化一下得分，使其保持在−1~1之间，得到的分数是−0.4，这样小明在"外向－内向"的维度由一个实数−0.4来表示，该维度可被看作描述性格的一个特征，如图5-5所示。

但人是复杂的动物，一个特征不可能完全描述人的性格，小明按照同样的方法在第二个特征上打分，先在0~100之间打分，再标准化后得到0.8。现在小明的性格可以由[−0.4，0.8]的二维向量来表示，如图5-6所示，还可以在一个坐标平面上画出这个二维向量表示。

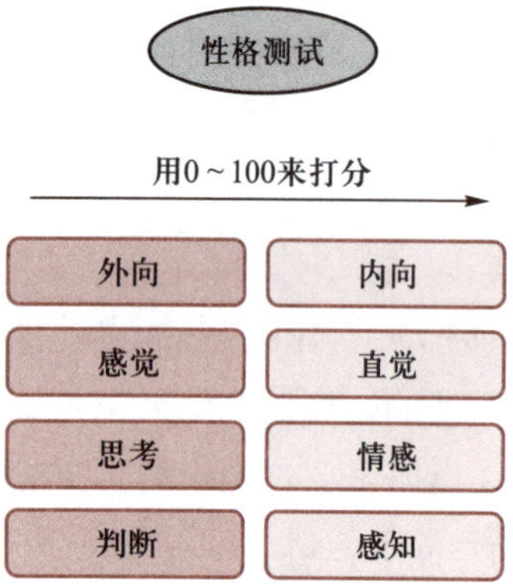

图 5-4　性格测试打分

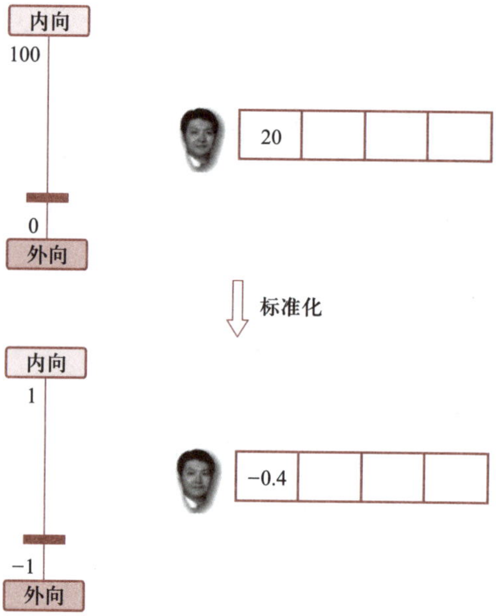

图 5-5　"外向－内向"维度打分

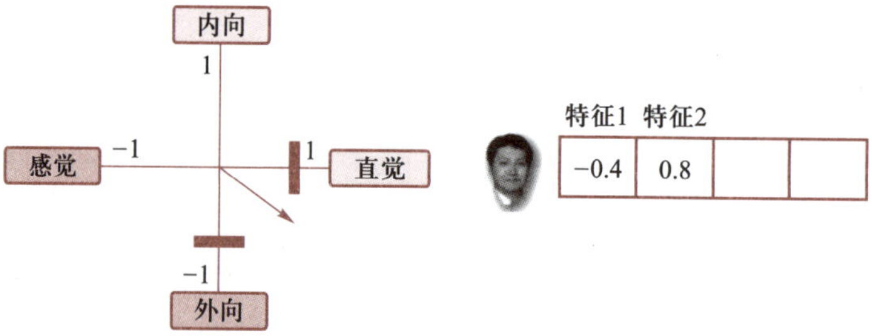

图 5-6　用二维向量表示性格

如果现在小明想找一个和自己性格类似的朋友，就可以根据这个向量在前两个特征上的得分看对方是否和自己性格相似，如图 5-7 所示，当然这时候的性格只考虑了两个特征维度。

对性格特征完整打分后的情况如图 5-8 所示，这种把性格转换成 4 维向量的技术可称为性格嵌入。实际上，可以将人和事物（所有类型）表示为向量，每一个维度上的数字实际上就代表这个事物的某一特征的得分，组成向量后，计算机很容易就能计算出这些向量之间的相似程度。如果将它运用到单词中，就是词嵌入。

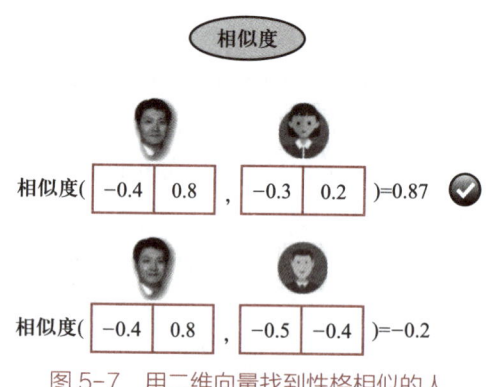

图 5-7　用二维向量找到性格相似的人

可以选择一些英文单词，如 cat、kitten、dog、houses，利用词嵌入生成多维的词向量，如图 5-9 所示。然后使用降维算法，将词向量降维至二维，从而在平面上将词向量绘制出来。可以发现，语义相近的词语对应的向量位置也更相近。例如，cat（猫）与 kitten（小猫）的含义相近，它们的位置也更加靠近；horse、dog 与 cat 的语义差异比 kitten 大，所以它们距离 cat，就相对较远。

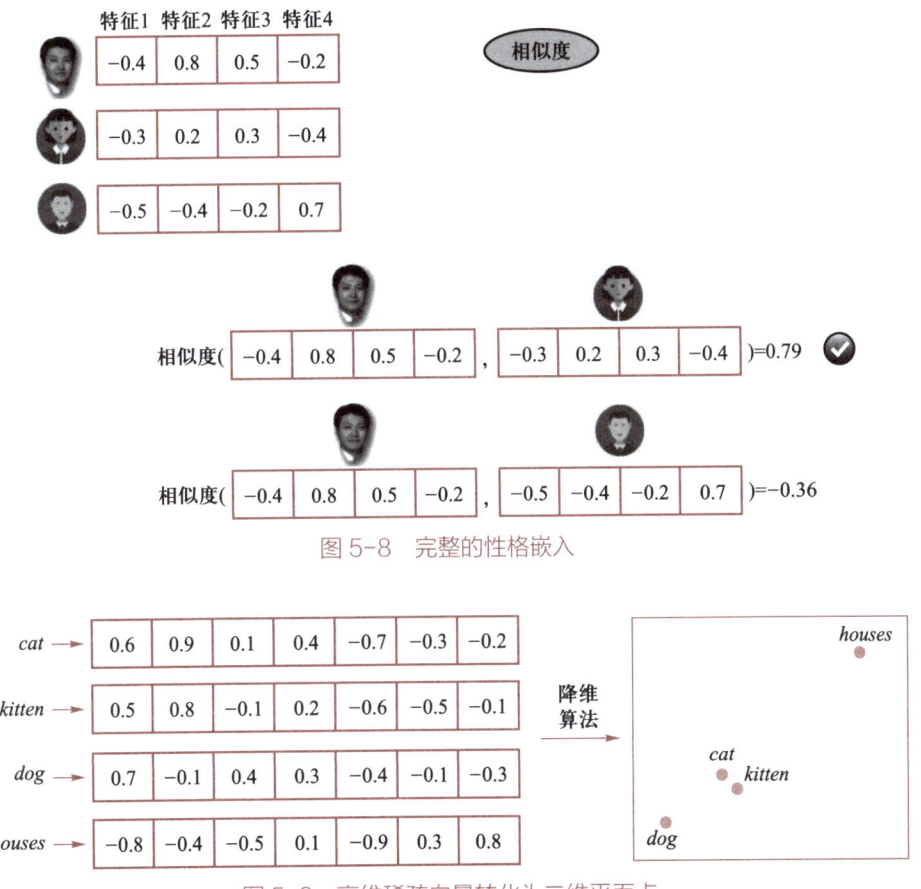

图 5-8　完整的性格嵌入

图 5-9　高维稀疏向量转化为二维平面点

词嵌入在 NLP 领域具有广泛的应用，包括但不限于文本分类、情感分析、机器翻译、命名实体识别等。通过将文本中的词汇转换为词向量，使模型能够更准确地理解文本内容，从而提高性能和效果。例如，在情感分析中，词嵌入可以帮助模型捕捉到词汇之间的情感倾向，从而更准确地判断文本的情感色彩。

在自然语言处理中，词嵌入把单词（Word）转换成实数向量（Vector），因此也把词嵌入称为词向量（Word2Vec），用到的技术最多的也是神经网络。图 5-10 所示是一个用神经网络生成词向量的过程。图中要嵌入的是"学习"这个词，把"我""正在""学习""人工智能"这几个上下文单词一同输入神经网络，这样能够更好地表现"学习"在语句中的含义与位置。当然，输入到神经网络的是这些单词的编码，可以是简单的数字编码，也可以是独热编码，最终输出"学习"这个词的词向量。

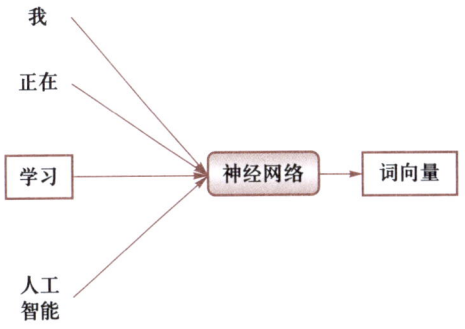

图 5-10　用神经网络生成词向量

5.3.2 文本分类

微课 5-2：
文本分类

在自然语言处理的广阔领域中，文本分类作为一项基础而关键的任务，扮演着举足轻重的角色。它不仅是连接文本数据与其潜在意义之间的桥梁，更是推动信息自动化处理、智能化分析的重要驱动力。文本分类的核心目标在于根据文本内容，自动且准确地将其归类到预定义的类别中，从而实现对大量文本数据的有效组织和管理。

在实际应用中，从简单的垃圾邮件检测、新闻分类，到复杂的情感分析、主题检测，乃至更高级的意图识别、对话管理等领域，文本分类都发挥着不可或缺的作用。它不仅为用户提供了更加个性化、智能化的信息服务体验，还为企业和政府等机构提供了强大的数据分析和决策支持能力。因此，掌握文本分类技术对于从事自然语言处理、数据挖掘、信息检索等领域的研究人员和开发人员来说至关重要。这一节主要介绍文档主题分类与情感倾向分析，帮助读者更好地理解和应用文本分类技术。

1. 文档主题分类

前面已经学习了词嵌入技术，可以将单词转换成词向量，使用这个技术就可以很容易地对文档进行分类。来看如图5-11所示的内容，对于多个单词组成的句子，利用词嵌入技术将句子中的所有单词生成对应的词向量后，可以将这些向量拼接起来形成整个句子的词向量。如果句子比较长，那么这个向量也会比较长，于是可以再通过一个神经网络进行转换，来生成一个维度比较低的句子向量。

文档是由一个个句子组成的，使用同样的原理，可以用句子向量再组合成文档向量，然后用最终生成的文档向量来代表整个文档的嵌入表达。该文档向量可以输入到另一个用于分类的神经网络中输出文档的类别，流程如图5-12所示。

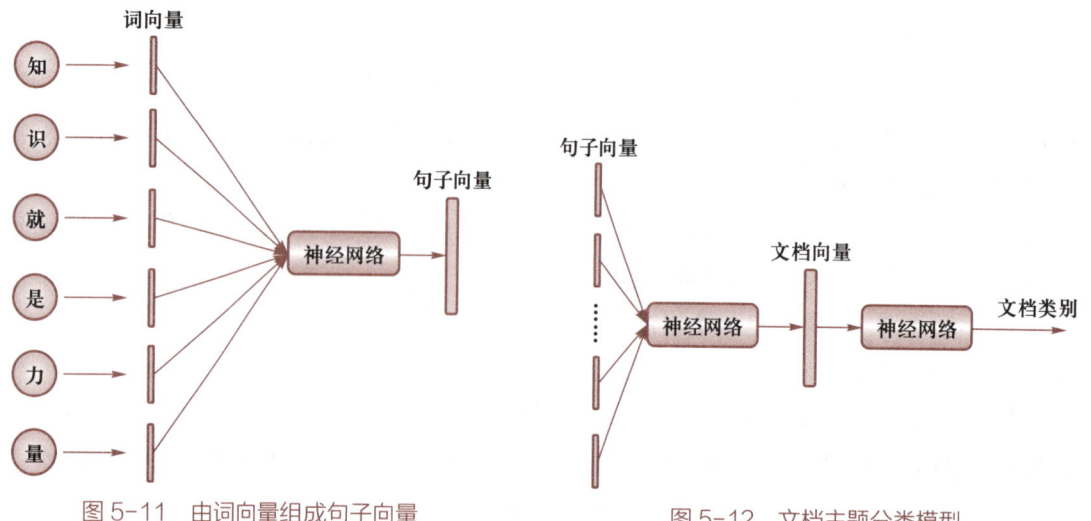

图 5-11 由词向量组成句子向量　　　　图 5-12 文档主题分类模型

2. 情感倾向分析

情感分析，又称为情绪分析或意见挖掘，是自然语言处理的子领域，专注于分析文本数据中的主观信息，特别是情感倾向。在社交媒体监控、品牌声誉管理、消费者行为分析等多个领域具有广泛应用。

通常将情感倾向分析看作一个分类任务,将情感分为正面、负面和中性3类,根据具体需求,还可以进一步细分为更具体的情感类别,如愤怒、悲伤、快乐、惊讶等。情感分析既可以采用监督学习,也可以采用非监督学习。监督学习使用标注好的数据集训练模型,如神经网络,需要实现将文本标注出正面、负面、中性。而无监督学习不需要事先做标注,通常用于发现文本中的潜在情感模式,不直接用于情感分类,如聚类算法。下面介绍利用前面学习的卷积神经网络模型进行情感分析的流程,该方法属于监督学习。

比如使用一个英文句子:"I like this photo very much!"(包含6个单词及一个感叹号)。关于标点符号的处理,存在多种方法,也可以直接去除。这里假设不去除,因为标点符号可能本身也带有情感倾向,有助于保留句子原样,因此该句子包含7个"元素"。采用词嵌入的方法将这7个元素转换成词向量(标点符号也可被看作一个单词),假设每个"词向量"的维度被设定为5,那么把整个句子表示成一个7行5列的矩阵,如图5-13所示。

I	0.6	0.5	0.2	−0.1	0.4
like	0.8	0.9	0.1	0.5	0.1
this	0.4	0.6	0.1	−0.1	0.7
photo	...	...	...	...	...
very	...	...	...	...	...
much	...	...	...	...	...
!	...	...	...	...	...

图 5-13 词向量形成的句子矩阵

此时形成的矩阵在计算机看来跟一张分辨率为7像素×5像素的图像是差不多的,而卷积神经网络刚好特别擅长给图像分类,于是可以搭建一个卷积神经网络模型,并用大量标注过的文本数据将模型训练好,然后对这个矩阵进行分类。分类的结果设置为情感分析的3个类别:正面、负面、中性,过程如图5-14所示。词向量矩阵首先由多个卷积层进行特征提取,得到表示句子的特征向量。然后将这个向量输入到全连接神经网络中进行分类,神经网络输出层设置3个节点,分别对应情感分析的3个类别,如果预测为某个类别,相应的输出节点则被激活,输出1。

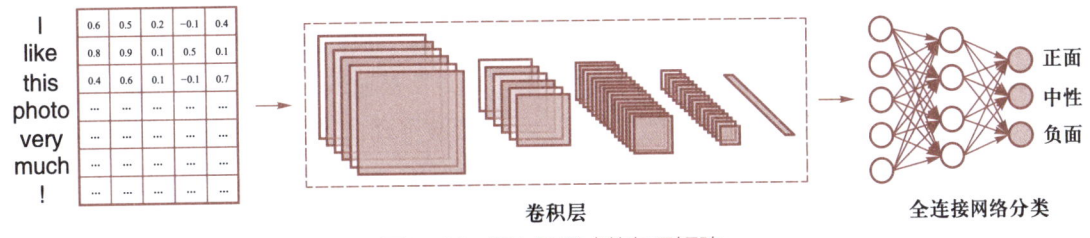

图 5-14 词向量形成的句子矩阵

以上就是用卷积神经网络进行情感分析的流程。在情感分析领域,卷积神经网络作为一种强大的深度学习模型,凭借其自动特征提取和层次化学习的能力,逐渐成为实现高效情感分类的重要工具。

5.3.3 机器翻译

自然语言处理中有一类任务叫机器翻译,即利用计算机技术实现不同语言之

微课 5-3:
机器翻译

间的自动转换，是人工智能领域的一个重要应用。随着深度学习、神经网络等技术的不断发展，机器翻译技术取得了显著进步，并在多个领域得到广泛应用。机器翻译领域常见的模型有循环神经网络（Recurrent Neural Network，RNN）模型和Transformer模型。

1. 循环神经网络翻译

先来介绍RNN模型。图5-15所示是一个常见的RNN模型结构，该模型有两个隐藏层。RNN是专门设计用来处理序列数据的深度学习模型，与传统的神经网络不同，RNN具有循环结构，即图中看到的在输出端有一个连接跟输入端相连，用来将输出的信息又发送到输入端，这样允许信息在时间步长之间共享，可以保留之前的信息状态。

那么，这样一个RNN模型怎么用来翻译文本呢？因为要翻译的往往是一个句子，比如"知识就是力量"，这是一个文字序列，RNN把输出又连接回输入的结构，就特别适合用来处理这样的序列。如图5-16所示，把RNN的结构展开，然后看它是怎么处理这个序列的。

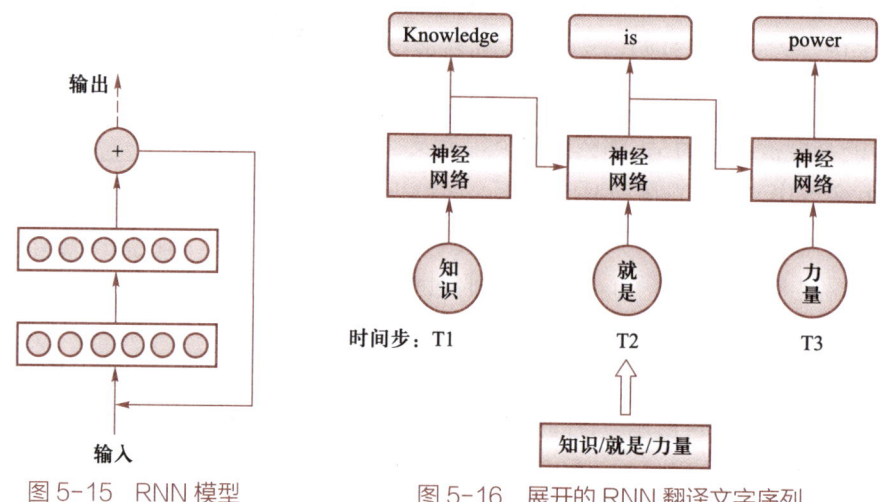

图 5-15　RNN 模型　　　　图 5-16　展开的 RNN 翻译文字序列

从图中展开后的RNN模型中可以看到，首先将要翻译的句子进行分词拆解，然后按照分出来的单词一个个输入到RNN中。在第1个时间步T1，"知识"被输入，RNN可以将其翻译成"Knowledge"，接下来的第2个时间步T2，"就是"被输入，此时RNN会把上一步输出的"Knowledge"重新输入进来，与"就是"一起，被翻译成"is"，这样的好处是神经网络不仅考虑了当前要翻译的单词，还考虑了这个单词的前一步，相当于获得了上下文信息。以此类推，RNN就一次一个单词地生成了所需要翻译的序列。

在输入到模型进行翻译前，因为要将句子进行编码（one-hot，或者是词向量），然后才能输入，所以可以将编码这一步也用一个RNN实现，并统一到整个翻译架构中。图5-17所示为RNN的编码-解码结构。

从图中可以看到，输入的句子首先由一个RNN进行编码，生成了词向量，这一部分称为编码器。然后将生成的词向量输入到另一个RNN中翻译为对应的句子，这一部分称为解码器。RNN这种编码-解码（Encoder-Decoder）结构不仅可用于序列到序列（Seq2Seq）的翻译任务，还可用于单词生成任务（可用于人机对话的单词生成，输入为问题，输出为答案)。在单词生成任务中，编码器RNN将输入序列编码为一个向量，解码器RNN则根据这个向量逐步生成目标输出序列。

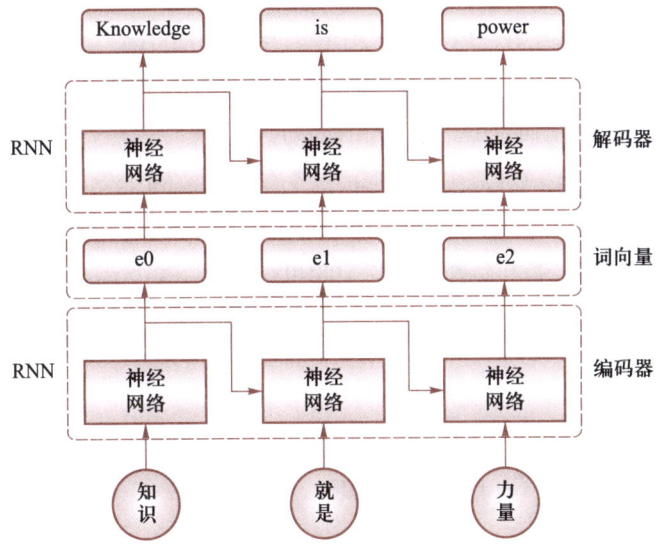

图 5-17 RNN 的编码-解码结构

2. Transformer 注意力模型

RNN的循环结构使其能够捕捉序列中的时序信息和上下文信息，非常适合处理自然语言这种具有时序依赖性的数据。但是，在长序列任务中，如果时间步过大，RNN输出的效果就不理想了，把RNN想象成在一个接一个地读取单词信息的人，如果序列太长的话，读到后面的单词时，可能就会忘了前面读过哪些单词。这限制了RNN在处理长句子时的性能。为了克服RNN的缺点并提高其性能，Transformer模型的新型架构逐渐崭露头角。该模型基于自注意力机制，能够高效地捕捉全局上下文信息，应用得非常广泛。

先来看看什么是注意力机制，如图5-18所示。注意力机制的目标是计算当前单词与整个序列中其他单词的相关性，如图中的序列，经过计算后，"知"与"识"的相关性得分为0.8，但是与"就"的相关性得分只有0.2，说明"识"与"知"有更高的相关性。通过这种方式就可以得到整个句子中每两个单词之间的关系。

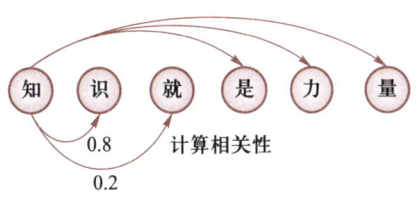

图 5-18 注意力机制计算相关性

注意力机制源于对人类视觉的研究，为了合理利用有限的视觉信息处理资源，人类需要选择视觉区域中的特定部分，然后集中关注它。不仅如此，人类在处理其他信息时，也会选择性地关注其中的一部分，同时忽略其他不相关的信息。如在处理文字时，通常只有少量要被读取的词会被关注和处理。Transformer模型就借鉴了这种思想，允许模型在处理序列中的每个元素时，通过计算序列中任意两个元素之间的相关性（或称为注意力分数），使模型能够捕捉到元素之间的依赖关系，特别是那些长距离的依赖关系，如图5-18中"知"与"量"在序列中隔得比较远，但也能计算出相关性，如果相关性较大就会重点关注。这种机制使得

Transformer模型在处理长句子和复杂结构时表现优异。

了解了注意力机制后,再来看看Transformer模型是怎么使用注意力机制的,如图5-19所示。图中显示了用注意力机制计算"知"与其他所有词的相关性得分,然后根据计算出来的分数进行求和,生成编码e0,与"知"相关性得分越大的词,如"识""力""量"在编码中所占的比重就越大,但"知"与自己的比重是最大的,因为自己往往与自己是最为相关的。计算出"知"对应的编码e0后,再按同样的方式计算"识"对应的编码e1,以此类推,可以把这句话中所有词的编码计算出来,形成这个句子的编码。

通过上述方法就完成了对输入句子的编码,但编码一次还不够,这个过程往往会重复多次,形成一个多层的编码,这也符合深度学习的思想,如图5-20所示。

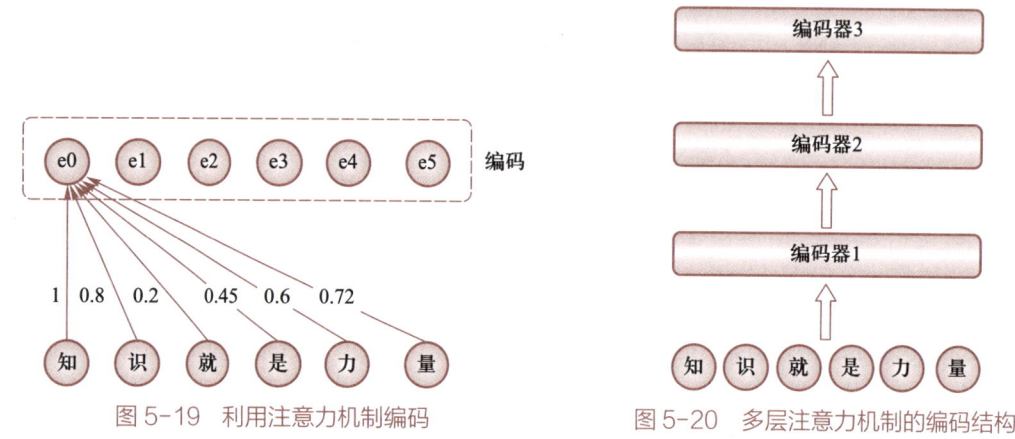

图 5-19　利用注意力机制编码　　　　图 5-20　多层注意力机制的编码结构

句子经过多次编码之后,会再通过解码器进行解码。解码器也是基于同样的注意力机制,并且是多层的,如图5-21所示。在解码过程中,解码器不仅依赖编码器的输出,还依赖自身之前已经生成的输出序列。Transformer模型遵循编码-解码结构。编码器负责将输入

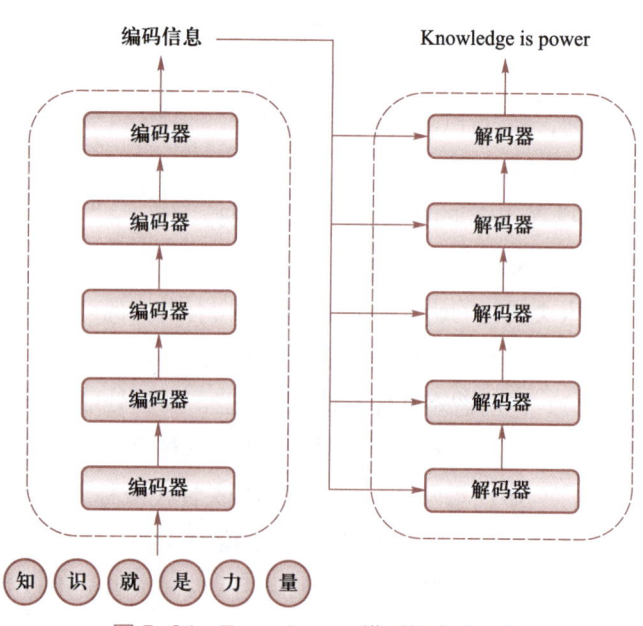

图 5-21　Transformer 模型的完整结构

序列（源语言句子）转换为一个向量表示（上下文向量），这个表示包含了输入序列的所有信息。解码器则根据这个向量逐步生成输出序列（目标语言句子），从而实现翻译。这样，Transformer模型通过引入注意力机制和编码-解码结构，实现了对长距离依赖关系的建模和高效并行计算，从而在机器翻译等序列到序列的任务中取得了显著的效果。

最后，以上所有任务都基于最开始的文本表示方法，尤其是词嵌入方法生成的词向量。文本表示是自然语言处理的核心问题，深度学习系统像其他任何形式的数据一样存储单词及其组合方式，可以将短语、句子，有时甚至是整本书的内容都输入模型中，然后通过词嵌入方法转换为词向量（句向量、文档向量）的表达形式，这种向量可输入到RNN或注意力机制的模型中完成不同类型的任务。

5.4 项目实施

本项目旨在利用百度智能云平台，将带有主观描述的中文文本输入，自动判断该文本的情感倾向类别并给出相应的置信度，情感倾向分为积极、消极、中性3类。

微课5-4：项目实施

步骤1：打开百度智能云主页

进入到百度智能云平台的文本情感倾向分析的主页面，其中有一个情感分析的演示功能，如图5-22所示。

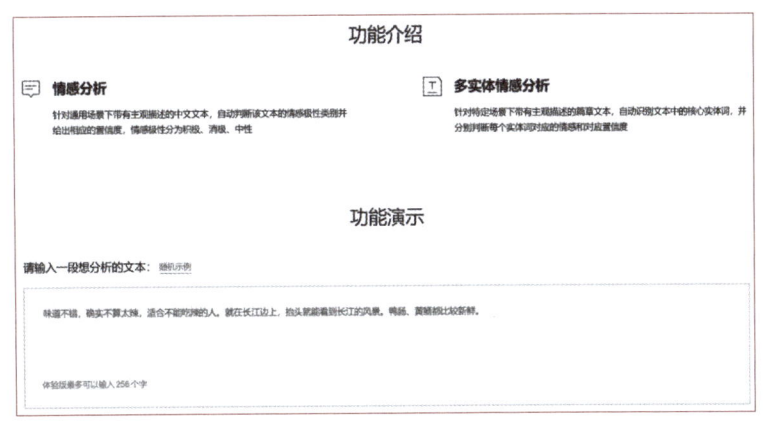

图5-22　情感倾向分析页面

步骤2：输入文本

在文本框中输入一段带有感情色彩的文字，如"人工智能很难学，但是非常有用，我很想学好"，如图5-23所示。在输入文字的过程中，页面会实时地分析内容，用户可以在文本框下面查看情感倾向结果。可以发现，刚开始输入时会被判断为负向情感，当输入"但是"后，情感开始转向正向，随着输入完成，最终达到较高的正向置信度。

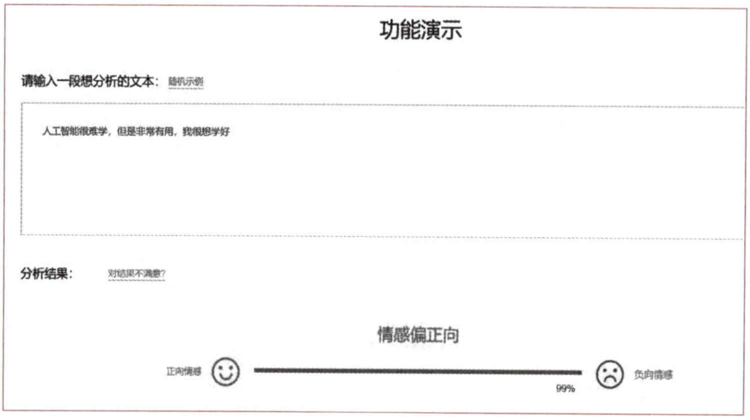

图 5-23　查看情感倾向分析结果

5.5　项目拓展

自然语言处理中还有一类任务叫作实体抽取，又称命名实体识别（Named Entity Recognition，NER）。该任务旨在将一段文本中的实体提取到预定义的类别中，如人名、组织、位置和数量。此类模型的输入通常是文本，输出是各种命名实体及其开始和结束位置。命名实体识别在总结新闻文章和打击虚假信息等应用中非常有用。但是实体识别是目前发展速度比较慢的一项任务，并没有通用的模型来做这项任务，通常会结合算法与定义人为规则来完成。

下面进行一个根据文本内容进行地址实体抽取的例子。

步骤1：打开百度智能云主页

进入到百度智能云平台的地址信息识别的主页面，其中有一个地址识别的演示功能，如图5-24所示，可以抽取文本中的地址信息。

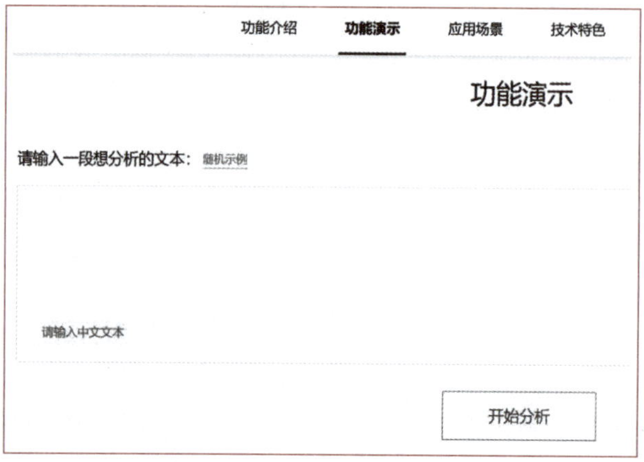

图 5-24　地址信息抽取页面

步骤2：输入地址，抽取信息

在文本框中输入一段地址信息，如"湖南省长沙市岳麓区含浦路139号 张三 15566666666"，然后单击"开始分析"按钮，即可在下方结果栏看到抽取的结果，如图5-25所示。

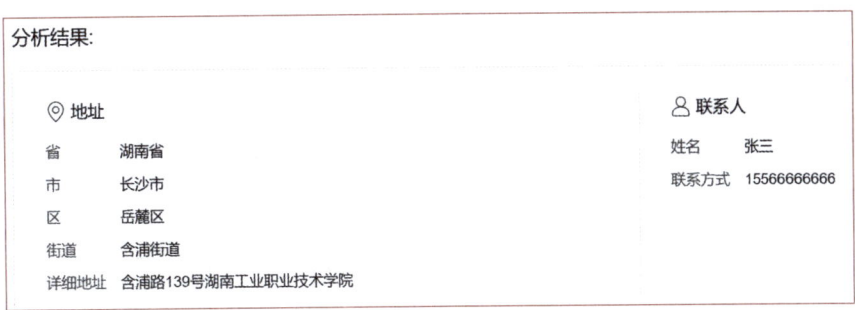

图5-25 地址信息抽取结果查看

5.6 项目小结

在这一节，读者学习了自然语言处理的重要概念。在自然语言处理中，词嵌入表示是关键部分，可用神经网络模型生成词向量。在词向量中，单词的每个维度用一个实数向量来表示。因此，通过向量来代表单词，可以将单词置于高维度的空间中，意义相近的单词在空间中倾向于聚集在一起，共同表达相似的意思。

深度学习中的注意力机制是一种模仿人类视觉和认知系统的方法，它允许神经网络在处理输入数据时集中注意力于相关的部分。通过引入注意力机制，神经网络能够自动地学习并选择性地关注输入中的重要信息，提高模型的性能和泛化能力。在Transformer模型中的注意力机制可以自动计算单词之间的相关性，在处理序列数据时，每个元素都可以与序列中的其他元素建立关联，而不仅仅是依赖相邻位置的元素。它通过计算元素之间的相对重要性来自适应地捕捉元素之间的长程依赖关系。

5.7 项目练习

一、选择题

1. 将原始文本转换为计算机可以有效处理的格式，不包括下列（   ）过程。
   A. 预处理   B. 采样   C. 分词   D. 编码
2. 预处理后的文本需要拆分为单词，也称为（   ）。
   A. token   B. 样本   C. word   D. 分词

3. 词嵌入技术的主要作用是（　　）。
　　A. 将单词转换为高维向量　　　　B. 将句子转换为图像
　　C. 统计单词数量　　　　　　　　D. 将文本转换为二进制代码
4. 句子由多个单词组成，可以将句子中单词的词向量进行拼接，形成（　　）。
　　A. 文档　　　　B. 句子　　　　C. 主题　　　　D. 句向量
5. 在自然语言处理中，情感分析的主要目的是（　　）。
　　A. 确定单词在句子中的位置　　　B. 提取句子的主题
　　C. 识别句子的情感倾向　　　　　D. 识别单词的词性（如名词、动词等）

二、填空题
1. 将文本中的词汇转换为＿＿＿＿，使模型能够更准确地理解文本内容。
2. 在自然语言处理中，词嵌入把单词（word）转换成实数向量（vector），因此也可把词嵌入称为＿＿＿＿。
3. 词嵌入主要采用＿＿＿＿模型来实现。

三、简答题
1. 简述将句子中的单词表示为独热编码的步骤。
2. 简述用神经网络对"我正在学习人工智能"这句话中的"学习"进行词嵌入的过程。

项目 6　生成式人工智能

6.1　项目描述

小明在网上商城购物,如果看中了自己喜欢的衣服,可以随时在商城一个叫作在线试衣间的页面给自己的虚拟人物换衣服,这样他就可以更方便地找到适合自己的衣服了。他还发现手机里有很多智能软件可以生成他自己不同风格的照片,还可以把自己喜欢的动漫人物替换成他自己的脸。"这也太智能了!"小明不禁惊叹,这背后一定又是人工智能在发挥作用。但同时他也发现,给虚拟人物更换衣服,或者给自己的照片更换不同的风格好像跟以前学到的图像识别、目标检测都不一样,自己在学习人工智能的道路上似乎又遇到了瓶颈,小明现在急需解开这些谜团。

6.2　项目分析

生活中经常使用的人脸识别、车牌识别属于利用深度学习能完成的最基本的事情,这些任务要求人工智能识别出某些事物,包括图像、声音、文本等,然后对它们进行分类,判断这些事物分别是什么。但还有一类任务,不只是做简单的分类,而可以自己生成一些新鲜的事物,小明看到的在线试衣间就属于此类。

6.3　相关知识

将人工智能按照用途进行简单分类的话,可分为两类:决策式 AI 和生成式 AI。决策式 AI 专注于对数据进行分析后,评估多种可能的结果,帮助用户或系统选择最佳的行动;生成式 AI 专注于创造全新内容。它可以根据学习到的数据自动生成文本、图像、音乐等内容。这一节将对生成式 AI 做详细介绍。

6.3.1　生成式模型

人工智能已经渗透到人们生活的各个领域。从智能语音助手到自动驾驶汽车,从预测性医疗到个性化教育,人工智能的应用在各个领域都表现出极大的潜

微课 6-1:
生成式模型

力。在以上介绍的人工智能技术及其应用中，都是利用数据来训练神经网络，让它学习数据中隐藏的知识。然后，向它提供新的未见过的数据，让模型可以对其进行分类或做出预测。例如，训练一个深层神经网络来从图像中识别手写数字。然后，向经过训练的模型提供新的未见过的数字图像，它将能够对这些新图像所代表的数字进行分类。或者给卷积神经网络看了很多猫和狗图像后，再输入一张它没见过的猫或狗的图像，它就能识别出这是猫还是狗。目标检测任务，实际也是在图像中的不同区域做类别预测。深层的神经网络模型，不论是全连接神经网络还是卷积神经网络，在解决分类和预测等任务时都表现得很出色，但面对生成新数据方面的挑战时却显得力不从心，让人感觉机器总是在现有事物的基础上学习，然后做出描述和判断。如何让机器主动生成一些新的图像或文本，甚至更进一步，让机器去创造世界上不存在的东西？这一想法推动了生成式人工智能的快速发展，为人们提供了一个全新的智能范式。与"传统人工智能"相比，生成式人工智能的最大区别在于其能根据训练数据生成新数据，如数字、文本、图像和音频等。如图 6-1 所示，在使用生成式人工智能的情况下，利用某个数据集中的样本来训练机器学习模型，然后，由用户输入某些提示，让模型生成与训练数据类似的输出。

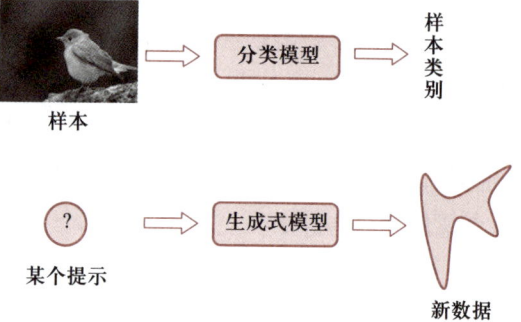

图 6-1 传统分类模型与生成式模型

生成式人工智能是人工智能的一个子领域，是一种让计算机自动生成不同模态（图像、文本等）的高质量数据的方法。它依赖机器学习技术，通过训练模型来生成与训练数据相似的新数据，这推动了人工智能的快速发展，为人们提供了一个全新的智能范式。在生成式人工智能中，机器学习模型的训练过程与传统人工智能相似，但模型的设计和训练目标有所不同，这种模型称为生成式模型。生成式模型的目标是创建一个与其训练数据相似的输出，而传统人工智能模型的目标是通过向模型提供新的和未见过的数据，使其能够对这些新数据进行分类或预测。

生成式人工智能涉及的技术也非常广泛，包括深度学习、自然语言处理、计算机视觉等。其中，图像生成是计算机视觉领域的一个重要研究方向，它可以在没有真实图像样本的情况下生成逼真的图像。在众多图像生成模型中，自动编码器是一种非常重要且广泛使用的模型，它不仅能够学习数据的内在表示，还能生成与训练数据相似的新样本。下面介绍其原理和在图像生成上的应用。

1. 自动编码器

自动编码器是一种生成模型，其结构如图 6-2 所示，由编码器和解码器组成，它们通常情况下是结构相同的两个神经网络，可以由全连接层组成，也可以由卷积层组成。编码器的任务将输入数据转换为一个特征向量，它可以看作是对输入数据的一种压缩表示方法，里面包含有能识别出输入数据的特征。该特征是一个机器能理解的参数值，类似于神经网络进行图像分类，实际上就是在一层层地提取图像上的特征，这是神经网络具有的能力。这里的编码器也是一个神经网络,因此也可以对输入的数据进行特征提取,形成一个特征向量。自动编码器的输出端也不再是对输入数据进行分类,而是一个解码器,它的任务是将该特征向量进行解码重建,重新转换为输入数据的样子,从而使其具备了生成数据的能力。

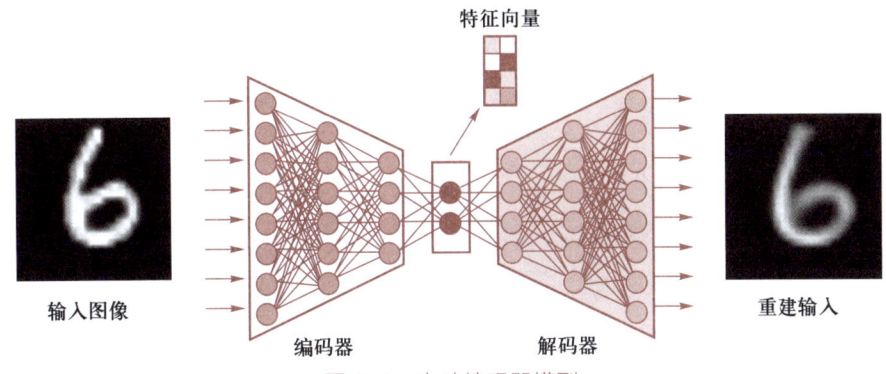

图 6-2　自动编码器模型

在前面项目中训练神经网络时,其中一个问题是需要大量地标记数据。在做图像分类时,需要将图像分成不同类别,这是一项手动工作。然而,自动编码器可以使用原始未标记的数据来进行训练,相当于以图像自己作为标记,省去了大量的人工标记过程,称为自监督学习。

在自动编码器的自监督学习过程中,编码器将输入数据进行编码,解码器又重新解码,还原为输入数据,理论上模型可以让输出等于输入。但是输入数据是已有的,现在又重新生成一模一样的数据。那么,这个自动编码器到底有什么用呢?

关键就在于编码出的这个特征向量,它是由编码器对原始数据进行特征提取与转换后得到的,并将在解码器中重建,试图准确地还原数据。所以编码器在训练过程中不断学习输入数据的最佳表示,以捕获含义,最后生成一个压缩的特征向量,可以提取这个特征向量应用于不同的场景中。如图 6-3 所示,如果自动编码器学习的是图像的重建,那么这个特征向量就是一个图像的压缩表示,与图像分类的神经网络提取到的特征类似,可以输入到全连接神经网络中做预测,但自动编码器得到的这个特征是不需要标记样本的。如果自动编码器学习的是文本数据的重建,那么这个特征向量就是对文本的压缩表示,跟词嵌入向量类似,可以输入到其他语言模型中进行文本翻译或者文本分类。

读者已经了解了特征向量的作用,最后还应用到了一些分类、预测任务上,但没有体现"生成"的作用。下面来看一个利用自动编码器进行图像去噪的应用。如图 6-4 所示,有一个图像数据集,里面的图像是没有噪声的,在训练时,对这些原始图像进行人工添加噪声,并作为自动编码器的输入,而在解码器的输出端,让其重建原始没有噪声的图片。由于编码器不会将全部信息放入相对较小的特征向量中,只会提取对重建有用的特征。而解码器的目标图像是原始没有噪声的,对于编码器来说,噪声就属于无用的信息。因此,自动编码器在训练过程中就学会了去除这些噪声数据,只捕获图像的重要部分。训练完成后,再将其他噪声图像输入自动编码器,它就能输出一个去噪后的图像,相当于生成了一个清晰的图像。

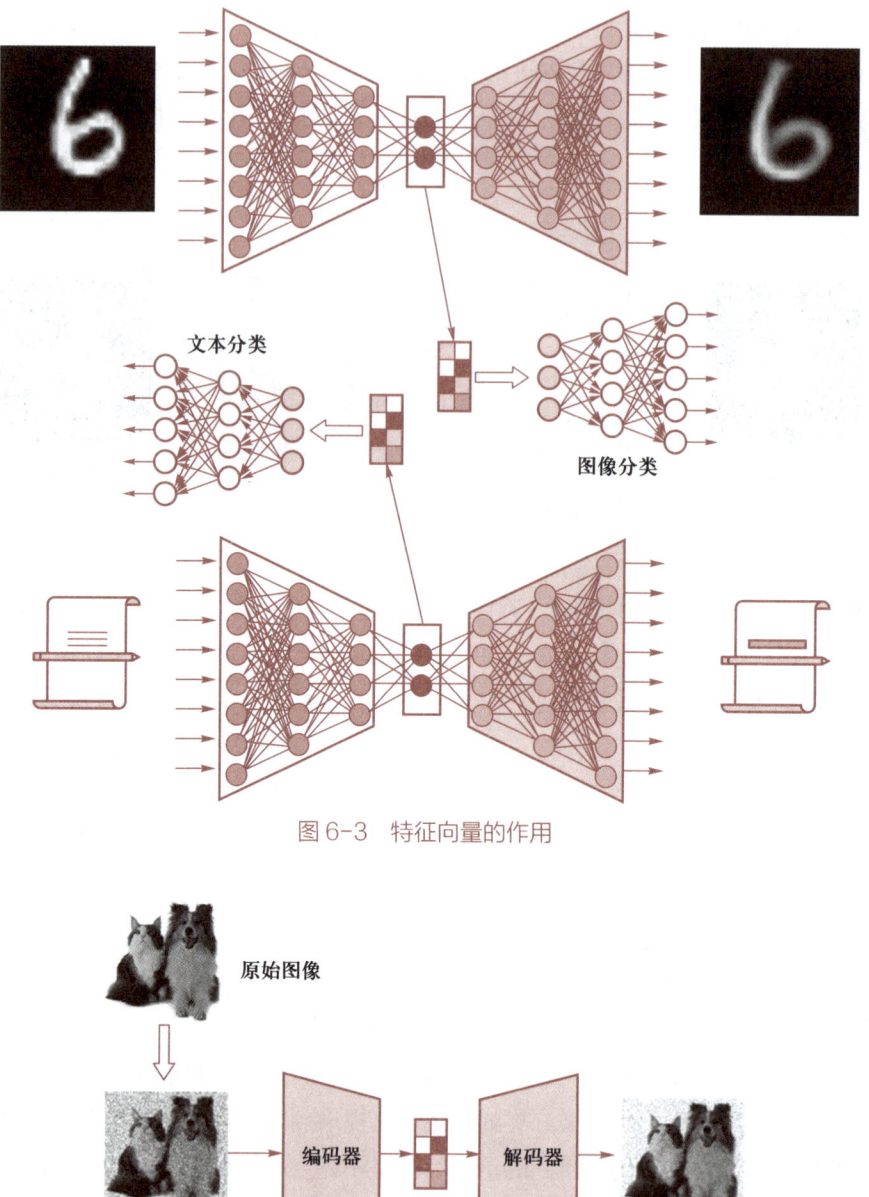

图 6-3 特征向量的作用

图 6-4 自动编码器图像去噪的应用

与图像去噪类似的应用还有对损坏的图像进行修复，称为图像修复；或者将低分辨率图像转换为高分辨率图像，称为图像的超分辨率重建。如图6-5所示，训练的方法都是先对现有的图像数据人为增加损坏或者降低分辨率，之后在解码器的输出端重建清晰的原始图像。值得注意的是，这些模型仅适用于它们已经接受训练的图像类型。例如，训练了一个用于超分辨率重建的模型，可以学习从图像特征中获取精细细节来生成更高分辨率的图像，但它在图像修复上的效果可能就不太理想。

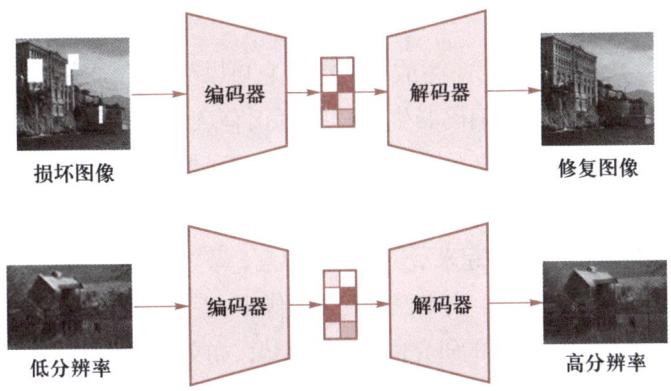

图 6-5　图像修复与超分辨率重建

自动编码器还有另一个重要的优点是可以相对容易地生成新图像，并且对于一个训练好的模型，只要随机采样一些像素值输入到模型进行编码、解码之后，就可以得到与训练集图像类似的新图像，如图6-6所示，这可以创建一些新的数字图片。

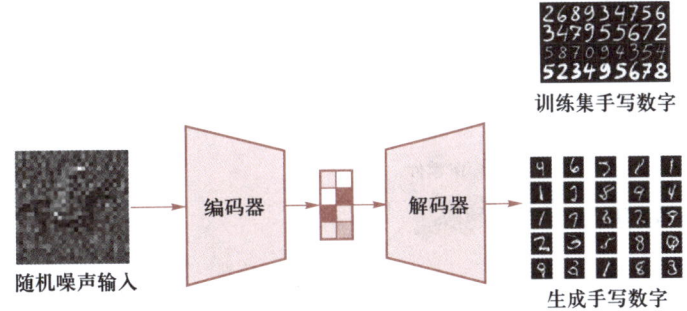

图 6-6　从随机的像素值创建新图片

另一方面，也可以随机地改变特征向量中的部分值，解码器部分就可以用修改过的特征向量创建新的图像，得到与训练集图像类似但不同于训练集中任何一幅图像的新图像。如图6-7所示，训练集是手写数字图像，那么在训练完成后，编码器将随机噪声输入编码为特征向量，然后用户手动修改这个特征向量中的部分值，再将新的特征向量输入解码器进行解码还原，可以得到一些新的手写数字图像。这是因为特征向量中不同区域的值代表了图像中的不同特征，可能是纹理、颜色特征，或者是轮廓、形状特征等，所以可以看到修改后生成的图像在颜色上会发生变化。

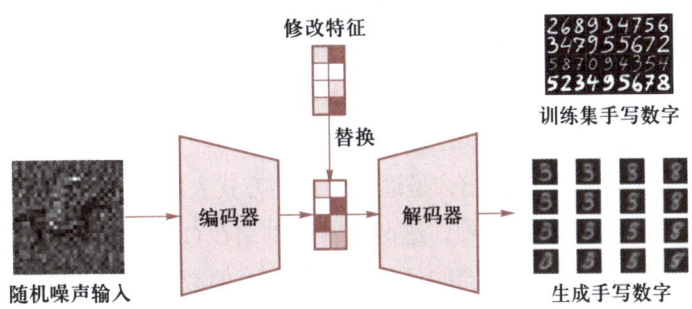

图 6-7　生成新的手写体数字图片

2. 生成对抗模型

读者以自动编码器为例子学习了生成式模型，它可以生成与训练数据集中的图像相似的新图像。然而，如果试图用自动编码器生成一些真正有意义的东西，比如一幅清晰的画作，会发现效果并不是很好，至少图像不是很清晰。对于这种情况，现在开始学习另一种专门针对生成式模型的架构——生成对抗网络（Generative Adversarial Networks，GAN）。

GAN从2014年被提出以来，掀起来了一股研究热潮，革新了机器学习领域，使计算机能够生成极为逼真的数据，如图像、音乐、文本，尤其在图像生成应用中最为突出，如图像绘画、风格迁移。在自然语言处理中应用GAN的研究也是一种趋势，如文本建模、对话生成和机器翻译。

要理解GAN的思想，先来看一个例子。如图6-8所示，假设现在有一个专业工厂，可以生产一些精密零件，并且生产方法是保密的。现在有一个普通的工厂，要生产类似的普通零件，并且已经生产出了一些样品用来测试。普通工厂希望所生产的普通零件质量尽可能高，品质接近精密零件。为了达到这个目标，需要一个水平很高的生产专家，专家负责辨别精密零件和普通零件的差别，然后普通工厂根据专家鉴别结果改进产品，生产出更接近专业工厂的精密零件。在这个过程中，普通工厂希望自己的产品能通过专家的鉴别，不断改进零件的生产水平，而专家希望每次都能鉴别出两个工厂的零件，随着鉴别零件的次数越多，专家的鉴别能力也越来越强，这是普通工厂与专家在对抗的同时又都进步的过程。

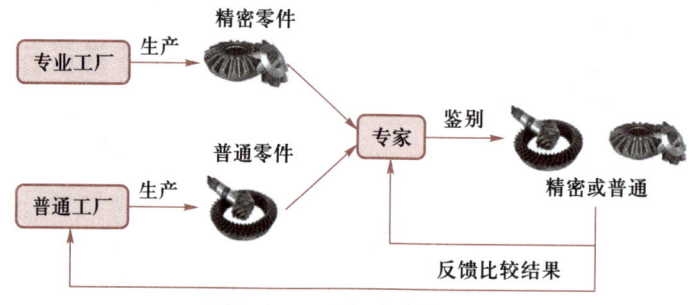

图6-8 工厂与专家的例子

GAN用的就是这种训练思想，假设有一组图像数据集，例如一组绘画，目标是生成一组跟真实绘画一模一样的图像，用GAN来实现，结构如图6-9所示，由两个神经网络组成，一个生成器和一个判别器，最初它们使用全连接的层来构建，后来又出现了使用卷积神经网络来构建的情况，目前多以卷积神经网络构建，尤其在图像生成领域居多。训练GAN时，其中的生成器试图生成接近真实样本的绘画，使判别器无法分辨。而判别器试图区分真实绘画和生成绘画，并且能反馈出生成绘画与真实绘画的误差。这种对抗博弈下使得生成器和判别器不断提高性能，直到最后，生成器可以输出以假乱真的绘画，即训练结束，此时的生成器就学习到了生成与训练数据集相似的绘画能力。

生成对抗模型从其名字可以看出，是通过对抗的方式去学习怎样生成真实的数据，这是生成器和判别器之间相互竞争的过程，这两个神经网络在GAN的框架中相互作用，形成了一种独特且高效的学习机制。生成器的任务是制造逼真的数据（如图像），而判别器则尝试将这些生成的数据和真实的数据进行区分，这种相互竞争的过程促进了两者的逐步优化。

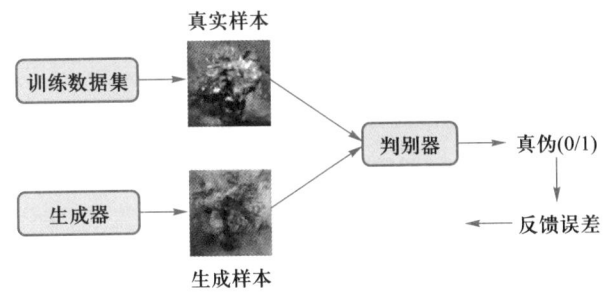

图6-9 生成对抗模型的结构

下面介绍构成GAN核心的两个关键组件：生成器和判别器。它们分别是两个神经网络，神经网络都有输入和输出。那么，应该输入一些什么信息才能让生成器的输出接近真实数据呢？生成器是在训练中不断增强的，刚开始输出的数据与真实数据相差甚远，然后慢慢接近真实数据，而这个过程从输入一些随机噪声开始，生成器利用这些随机值作为起点，在与判别器的对抗训练中学习真实数据的特征，来生成尽可能逼真的数据。在图像生成的场景中，这意味着制造出与真实图像几乎无法区分的图像。判别器的任务是鉴别输入数据的真伪，它接收来自生成器的生成数据或者真实数据样本，然后输出该样本的真伪。并且还要计算出真实数据与生成数据之间的误差，用于将误差反馈回生成器与判别器，使它们修改自己的参数来优化自己。

实际训练时，生成器和判别器采取交替训练，即先训练生成器，然后训练判别器，不断往复，使生成器和判别器的对抗关系形成了一种动态平衡。生成器试图最大化判别器犯错的概率，而判别器则努力减小这种误判。这种对抗训练机制使得生成器能够生成越来越高质量的数据，同时也提高了判别器的鉴别能力。这种独特的训练机制是GAN区别于其他类型神经网络的显著特点，它使得GAN在生成高质量数据方面表现出了巨大的潜力，如图6-10所示。通过这样的对抗过程，GAN能够学习到复杂且高维的数据，从而在各种生成任务中发挥重要作用。

图6-10 生成对抗模型生成的图像

接下来通过比较GAN与传统神经网络的不同之处,来理解GAN的特殊之处和它在人工智能中的重要性。

① 训练机制的差异。与传统的基于监督学习的神经网络不同(如卷积神经网络),GAN的训练数据集是未标记的,跟自动编码器一样,这使得GAN在处理无标签数据时更具优势。

② 数据生成能力。大多数神经网络是为了分类或预测而设计的,而GAN的特点在于它的生成能力,能够生成全新的数据。

③ 对抗性训练。GAN的最大特点是其内部的对抗性训练机制,这种机制使得GAN能够生成高质量、高复杂性的数据样本,一般情况下比自动编码器生成的数据要好。

接下来看看GAN是怎样生成出手写体数字图像的。如图6-11所示,创建一个GAN模型,用于生成新的手写体数字图像。其中的生成器是一个卷积神经网络,输入层负责接收一个固定大小的随机噪声图像,中间是几层卷积层,输出与手写体数字图像大小相匹配的图像。紧接着是判别器,也是一个卷积神经网络,输入层接收真实的手写体数字图像以及生成器生成的与真实样本大小相同的手写体数字图像,中间是几层卷积层,后面接上全连接层用于输出判断结果。

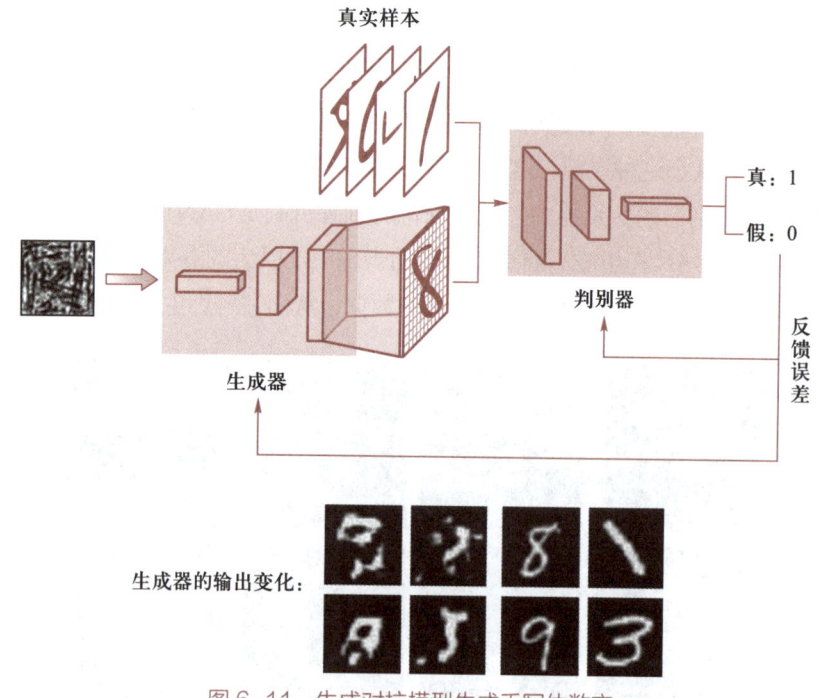

图6-11　生成对抗模型生成手写体数字

在训练时,GAN首先根据判别器的误差来更新判别器的参数,也就是说,先让判别器学会区分真实的和生成的图像。训练完判别器后,相当于有了一个鉴别标准,此时锁定判别器不训练,只训练生成器。生成器会通过随机噪声生成一张图片,一开始这幅图像是过不了判别器这关的,如果判断出是生成的图像,就会输出一个较低的分数,比如0,同时计算出与真实图像之间的误差来更新生成器的参数。接下来交替训练这两个网络，直至生成器能够生成高质量的图像，如图6-11所示，随着不断地训练模型，生成器生成的数字慢慢地从模糊变为清晰。

可以看到，如图6-12所示，手写体数字包含从0到9的数字图像，且每个数字有很多写作风格。在极端情况下，生成器每次都只生成10个数字中的一个，或者只学习为每个数字生成一个风格的手写体样本，然后生成器会停止学习其他的数字或风格，这同样能让判别器每次都认定生成器输出的样本为真。这是生成器模式崩溃的一个例子，即生成高度相似的样本。因为生成器的任务难度大，缺少生成多样性数据的特点。为此，可以改进GAN的结构，如图6-13所示，同时构造多个生成器，让每个生成器尽量输出不同的数字，这样的多生成器结合起来可以保证产生的样本具有多样性。

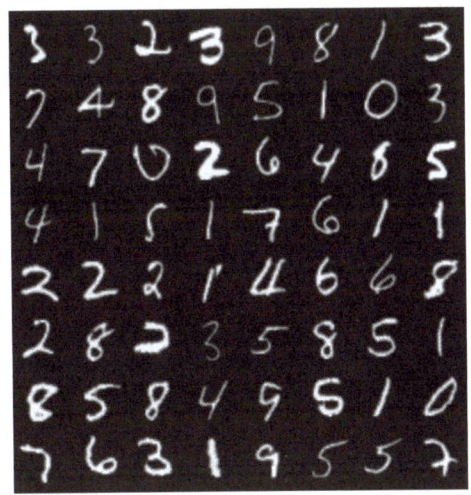

图6-12　手写体数字中有多种写作风格

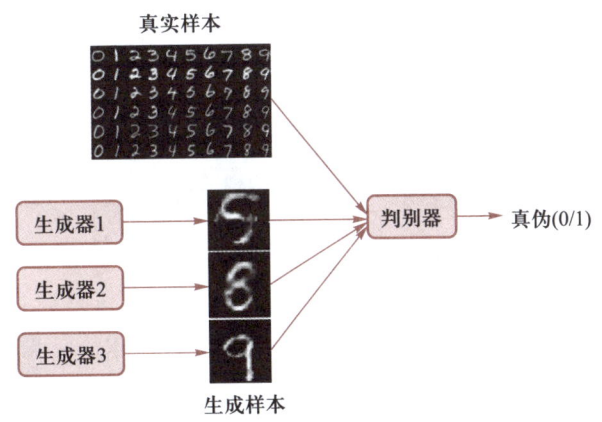

图6-13　多个生成器组成的生成对抗模型

综上所述，GAN具有独特的训练机制和强大的数据生成能力，不仅在技术上具有创新性，而且在实际应用中也展现出了广泛的应用前景，在机器学习领域中占据了重要的地位，成为当今AI领域备受关注的技术之一。

6.3.2　图像生成

自动编码器和生成对抗网络这两种不同的生成式模型不同于传统的监督学习模型，无须大量标记数据。这一点在处理复杂的图像数据时尤其重要，因为在这些领域，获取大量高质量的标记数据非常困难。生成式模型的这一特性使其在数据生成、艺术创作等多个领域显示出了巨大的应用潜力。下面来看几个图像生成的例子。

微课6-2：
图像生成

摄影爱好者使用的滤镜，能改变照片的颜色样式，从而使风景照更加锐利或者令人像更加美白。但一个滤镜通常只能改变照片的某个方面。如果要使照片达到理想中的样式，经常需要尝试大量不同的组合，其复杂程度不亚于模型调参。而风格迁移功能可以自动将某图像中的样式应用在另一图像之上。

风格迁移是一个计算机视觉中的常见任务，在日常生活中也有广泛应用，小则包括手机里的各种滤镜照片、人物照片转换成素描画、摄影图片转换成油画风格等；大则涉及三次元人物与二次元人物相互转换。其主要内容就是将一张照片转化为另外一种风格，而保持原内容基本不变。

自动编码器作为一种生成式模型，可以学习到输入图像的压缩后的特征向量，这个特征向量保存了图像上跟内容有关的主要特征，可以在这个特征向量上做一些改动后，再通过解码器还原出不一样的新图像，从而实现图像风格的迁移。图6-14所示是一个利用自动编码器实现风格迁移的例子。首先要准备两个数据集，一个内容图像数据集，一个风格图像数据集。接着用这两个数据集分别训练两个自动编码器模型，一个用于学习内容图像的模型A，另一个用于学习风格图像的模型B。训练完成后，用模型A得到内容图像的特征向量，用模型B得到风格图像的特征向量，然后将这两个特征向量进行融合，最后输入到一个解码器中还原，输出的图像即是进行了风格迁移的效果。

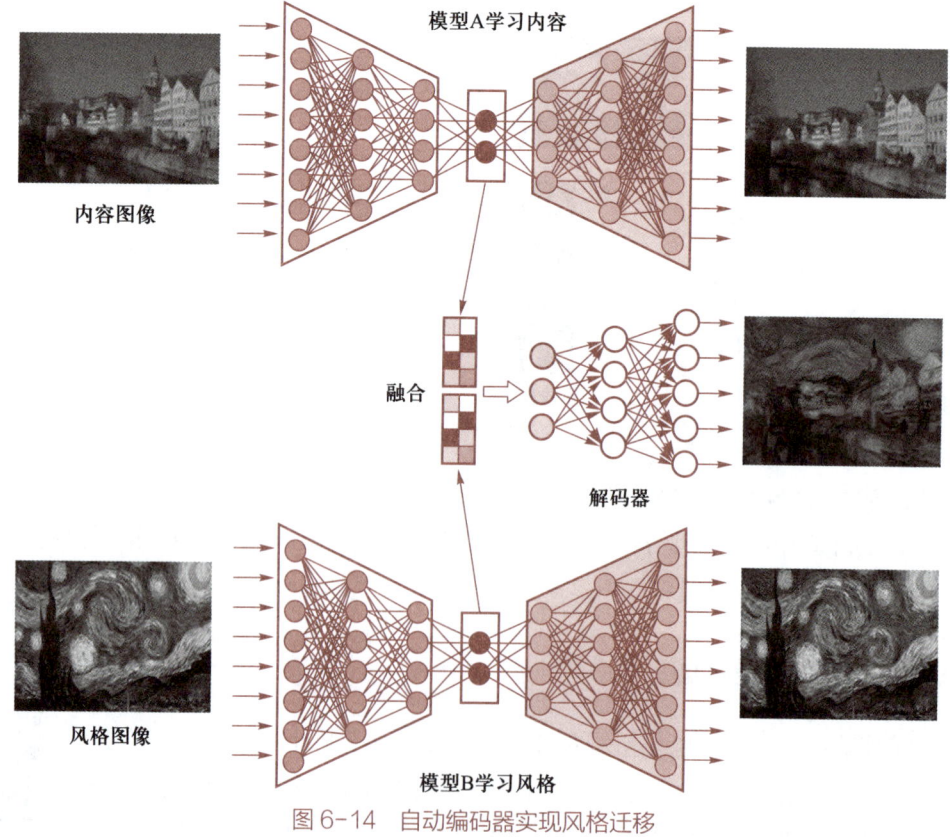

图6-14　自动编码器实现风格迁移

同样身为生成式模型的GAN也具有生成新样本的能力，由于GAN的特殊对抗学习模式,开辟了一种全新的方式来生成极为逼真的图像,在多个领域展现出广泛的应用潜力,包括图像生成、风格迁移,且可以生成比自动编码器更加逼真的图像,并实现更好的图像生成效果。

首先要注意一点,GAN的生成器是根据输入的随机噪声来生成数据的,如图6-15所示。对于图像来说,输入不同的噪声会生成不一样的图像,这些新图像是与训练数据集中的图像相似,但无法去控制这种随机性。也就是说,不能控制生成器具体的输出内容,仅仅能保证新生成的图像是逼近训练数据集中出现过的。比如用动物数据集训练了一个GAN,然后输入不同的噪声图片,生成器就会输出各种不同的动物,它们都与训练数据集中的动物很接近。

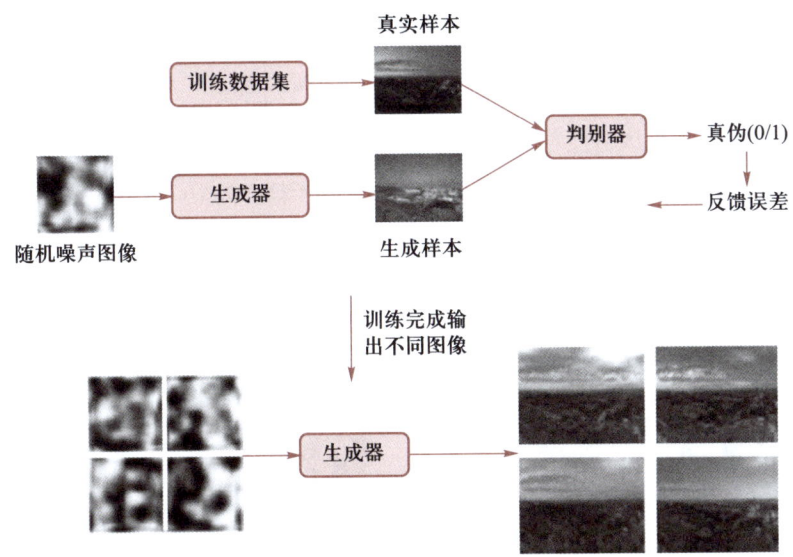

图6-15 不同的噪声输入生成不同的图像

因为无法控制要生成的内容,所以需要采用一种带条件的输入方式,称为条件GAN。如图6-16所示,将条件添加到随机噪声图像中一起输入到生成器中,通常条件与噪声图像直接拼接在一起即可。这里的条件可以是图像、文本或属性标签值。这时,生成器的输出就不仅依赖于随机噪声,还要加上条件,而这个条件是可以控制的。

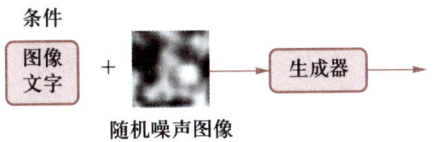

图6-16 带条件的生成器

例如,在训练GAN时,可以将一些风格图像作为条件与随机噪声拼接在一起输入生成器,用来控制生成器输出的图像风格。如图6-17所示,为了让判别器也能识别这种条件,认同这种真实数据,往往也会将条件输入判别器中。训练完成后,再输入一些风格条件与噪声,生成器就会输出符合风格的新图像,从而也达到了风格迁移的效果。

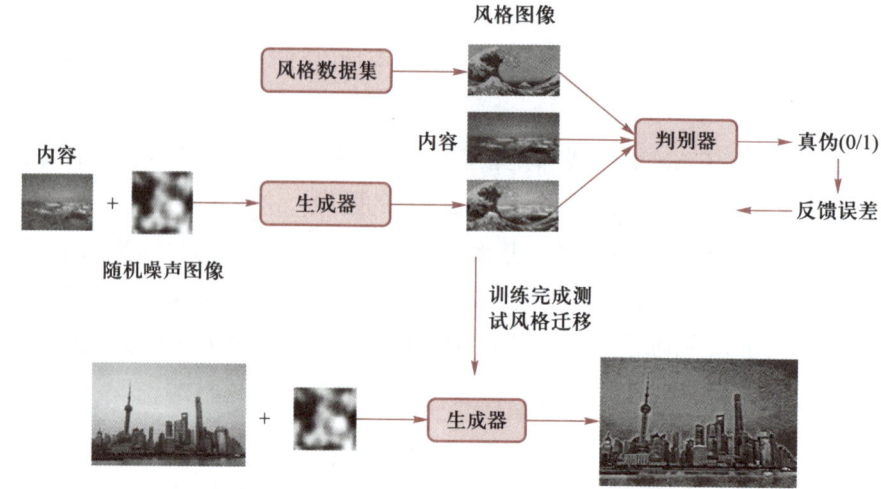

图6-17 用生成对抗网络实现风格迁移

也可以训练一个手绘风格迁移的模型,在训练生成器生成猫的图片时,将手绘的草图作为条件与噪声一起输入来控制生成图像的轮廓,如图6-18所示。

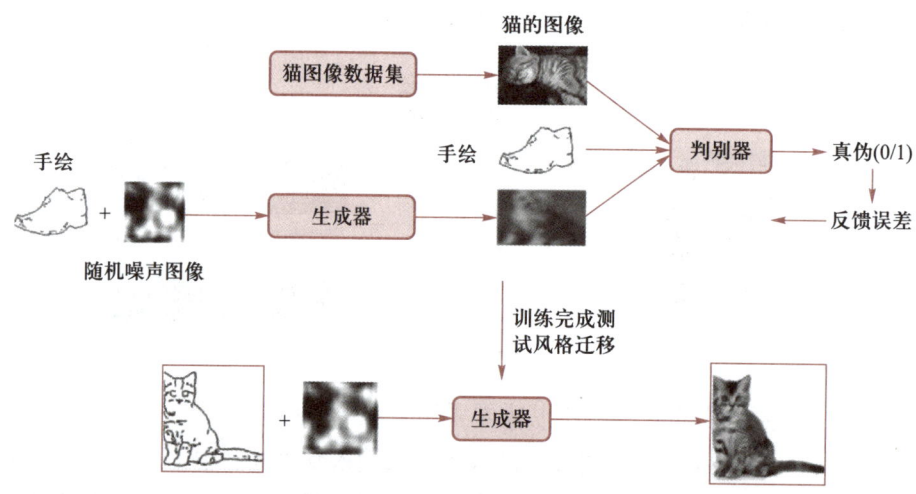

图6-18 用手绘控制生成图像的轮廓

图6-19展示了用GAN生成各种不同风格的图像效果。

当GAN应用于图像生成时,虽然输入一定的条件可以让模型生成特定范围内的图像,但基于文本描述生成图像在当前仍然是一个巨大的挑战。如果算法能够从纯粹的文本描述中生成真实逼真的图像,就可以相信算法理解了文本中的内容。也可以用类似于将条件向量与噪声向量连接起来的条件GAN来生成符合文字描述的图像,其过程如图6-20所示。

首先,为了让生成器能生成文字所描述的图像,需要训练一个能生成各种图像的GAN模型,而且训练用的图像数据集需要很大的数据量,尽可能多的包含文字可能描述的内容。如果文字中提到眼镜,但图像数据集中没有眼镜的图像,则说明生成器从来没有接受过眼镜图像的训练,自然无法生成。然后要准备一个带文本描述的图像数据集,这些数据集中的图像将作为判别器的目标,判断生成的图像是否与文字描述相同。

图 6-19 生成对抗网络实现的风格迁移效果

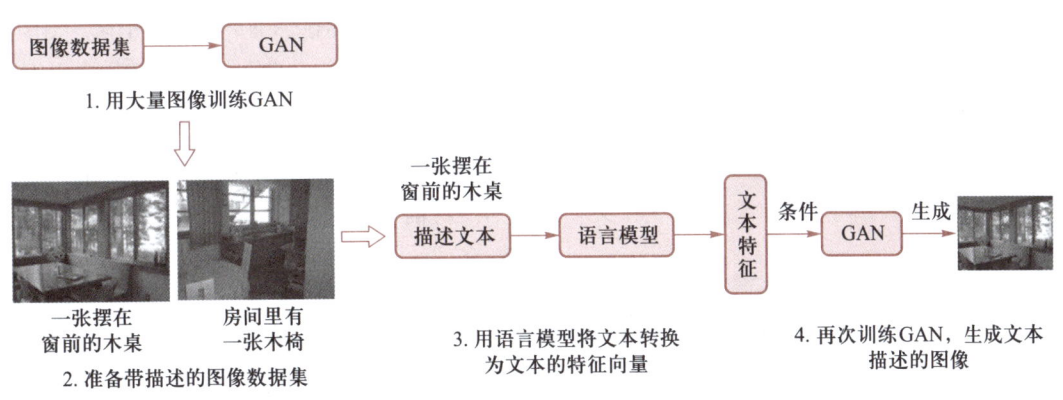

图 6-20 生成对抗网络实现文本生成图像

接着需要将描述的文本编码,生成特征向量输入到 GAN 中,而不是直接使用文本内容。可以使用一个语言模型将输入的文本描述转换为特征向量,转换方法在自然语言处理中已经做了介绍,表示能够捕捉到文本中的关键语义信息,并为后续的图像生成提供指导。然后,将文本特征作为条件再次训练之前的 GAN,其中生成器的任务是根据文本特征向量和随机噪声图片生成文字内容所描述的图像,而判别器的任务则是判断生成的图像是否与给定的文本描述图像相符。最后交替训练生成器和判别器,使它们在对抗中相互提升。训练完成后就可以输入一些文字让模型生成相应的图像。图 6-21 展示了一些用 GAN 生成图像的例子。

一幅油画，画面是午后的河中有一艘蒸汽船。在河的一侧是一座大型的砖砌建筑，顶部有一个标志，上面写着"SD3"

一只奶酪做的螃蟹在餐盘上

图6-21　根据文字内容生成相应的图像

6.3.3　图像描述

视频、图像和文本是人们通过视觉获取信息的主要对象。图像生动形象，能够给人留下形象深刻的印象，而文本概括性高，能够以简练的形式描绘并传递信息。随着图像分类以及目标检测与识别技术的不断发展，计算机对图像的理解能力不断加强，同时，计算机对自然语言的处理能力及处理方法也越发完善，从而使由图像到文本信息的转变成为可能。图像描述，又称图像字幕生成，如图6-22所示，是将图像概括成文本，将图像中目标信息以及目标间的关系通过一段文字来描述，从而实现辅助理解一些常人难以理解的图像。此外，对于视觉有障碍的人士，其获取信息的方式主要通过声音，而将图像转换为声音信息也需要图像转换为文本这一中间过程，然后才能将文本转换为声音信号。

- 一个小女孩和她妈妈在屋子里做手工，桌子上有剪刀、书本、贴纸和瓶子。

微课6-3：
图像描述

图6-22　将图像内容概括为描述文本

图像描述以及文本生成图像这些任务都涉及两种不同模态的信息，一种是图像，一种是描述文本，这些任务不像目标检测、图像识别等只涉及图像信息。在自然语言处理中文本生成、文档分类等只涉及文本信息，所以说如何让模型有效地进行图像与文本信息的交互是非常关键的。

目前图像描述比较常用的方式是采用如图6-23所示的组合模型,包括图像特征提取和将图像翻译为文字。先使用卷积神经网络,或者是自动编码器对图像提取特征向量,特征包括图像中的对象、场景和它们之间的关系。然后将提取的图像特征看作一种文本表示输入到某种翻译模型中,比如循环神经网络,或是基于注意力机制的模型,根据图像特征中的信息生成符合语法和语义的文本描述,整个过程类似于将图像翻译为文字,最后用一个数据集训练这个组合模型使其学会对图像内容的描述。

图6-23　图像描述主要流程

为了完成这个任务,需要收集大量的训练数据,图像描述任务所需要的数据集是很大的。图6-24展示了一些样本图像,并且每幅图像都有对应人工标记,这些标记内容就是图像的描述文本,文本的内容和风格决定了在遇到类似图片时,会优先生成与标记内容类似的文本。

图6-24　图像描述需要的标记数据

然后是构建对应的神经网络模型及训练。其中图像特征提取使用卷积神经网络,图像到文本的翻译选用Transformer模型,然后用整理好的标记样本进行训练,在输出端会判断生成的文本描述是否与标记文本相似,并根据两者的误差反馈修改模型参数。训练完模型之后,就可以用一些实际图片对模型进行测试,效果如图6-25所示。

目前这是一个常用的生成描述文本的方案,另外介绍一种基于单词的图像描述方法,可以利用之前学习过的目标检测模型。流程如图6-26所示,该方法将图像描述分解为多个图像区域描述的组合。当描述单个物体时,可以看作是对这个目标的识别,当很多物体组成一幅图像时，就成为图像描述。整个过程是先从图像中提取单词，然后由单词组成多个候选句子，最后对这些候选句子进行筛选或合并，形成最终的描述文本。该方法要分别训练多个模型，首先要训练一个目标检测模型来提取一幅图像中所包含的可识别物体，该物体的类别即可对应要生成的单词，而单词之间的关系可通过物体边界框的位置来确定。这个模型必须有足够的数据来进行训练，以确保能正确检测出图像中的物体及其边界框。有了这些单词后，还要训练一个语言模型来根据单词生成句子，比如最常用的注意力模型。最后将生成的句子进行合并，得到最接近标记值的描述文本。

一群牛站在草地上吃草

一列黄色的火车在铁轨上行驶

图 6-25　图像描述效果

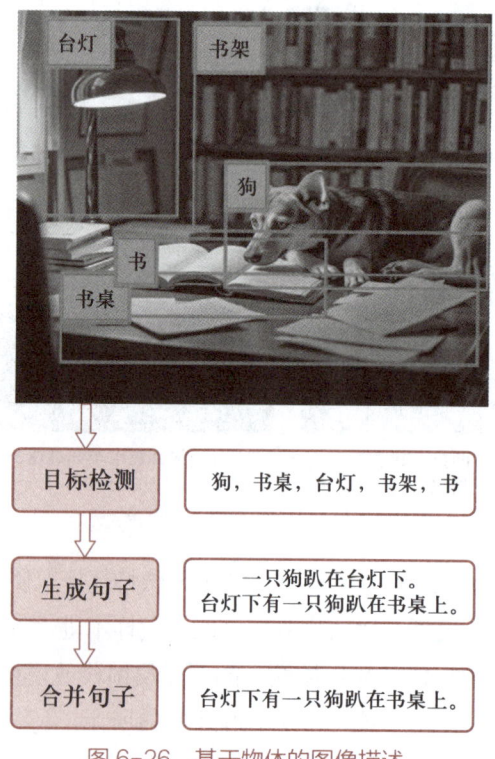

图 6-26　基于物体的图像描述

最后来看一些生成图像描述文本的例子，如图6-27所示。

炉子上炒了一锅西兰花　　　　泥泞路上有一个黄色标志

图 6-27　图像描述效果

至此，已经介绍了生成式模型的原理和主要应用，自动编码器、生成对抗网络不仅仅是一个技术突破，也是人工智能领域内思考和创造内容的新方法。随着技术的不断进步，生成式模型有望在未来解锁更多前所未见的应用，从而在人工智能的道路上留下深刻的足迹。

6.4　项目实施

微课 6-4：
项目实施

为了体验生成式模型带来的效果，使用百度智能云的人脸融合功能，来看看风格迁移在人脸上的效果。

步骤 1：进入百度智能云平台

进入百度智能云平台的人脸融合体验页面，如图 6-28 所示。在该页面中，可以单击"本地上传"按钮来指定目标图和模板图，目标图将与模板图进行融合，输出一张融合后的人脸。

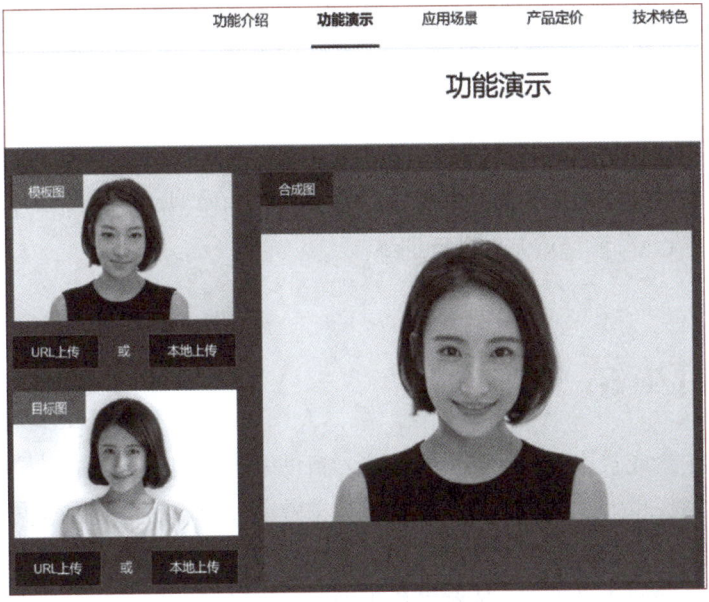

图 6-28　人脸融合体验页面

步骤2：上传图片

如图6-29所示，上传两张图片，分别作为模板图和目标图，可以看到目标图片的人脸融合到了模板图中的效果。

图6-29 人脸融合测试效果

6.5 项目拓展

通过学习，读者了解了生成式人工智能的相关概念和知识，学习了生成式模型的工作原理，并看到了一些案例。小明惊讶的那些换装、换脸的事情，也就不足为奇了。

如果要把自己的样子迁移到自己喜欢的动漫人物中去，也可以用生成式模型来完成，例如使用条件GAN。类比风格迁移的话，动漫人物就是一种特点的风格，要做的是把动漫中的人物风格迁移到自己的照片中。

本项目介绍的生成式模型大部分都是生成图像，这时候用卷积神经网络可以达到很好的效果，因为卷积层在提取图像特征方面有着先天优势。生成式模型在生成文本方面也有着广泛的应用，只要将卷积神经网络替换为基于注意力机制的模型或是循环神经网络即可。请思考一个生成文本的GAN模型该怎样进行训练？

6.6 项目小结

本项目学习了生成式人工智能的重要概念。自动编码器网络和生成对抗网络这两个模型都属于自监督学习，也就是在训练时不需要给数据做上标记，而是装饰数据本身作为学习的目标，这可以为人们节省大量的工作。利用生成式模型，可以创造一些原来没有的数据，生成一些意想不到的图像或是文本，比如图像去噪、风格迁移、利用文本生成对应的图像和用文本描述图像内容等。但是为了完成这些任务，模型需要有大量的训练数据，才能保证生成相对来说令人满意的结果。

6.7 项目练习

一、选择题

1. 生成式人工智能的目标是（　　）。
   A. 提高训练速度　　　　　　　　B. 提高计算效率
   C. 模拟人类的创造力　　　　　　D. 实现自动化生产
2. 生成式模型能够生成（　　）类型的数据。
   A. 文本
   B. 图像
   C. 音频
   D. 文本、图像、音频和视频等多种类型的数据
3. 生成对抗网络的作用是（　　）。
   A. 生成逼真的图像、文字、视频等　　B. 优化数据存储
   C. 图像识别　　　　　　　　　　　　D. 目标检测
4. 生成式人工智能在文本生成方面的应用不包括以下（　　）。
   A. 创作新闻文章　　B. 生成诗歌　　C. 编写程序代码　　D. 实现语音识别
5. 以下（　　）不是生成式人工智能的关键技术。
   A. 深度学习　　　　B. 样本标签　　C. 神经网络　　　　D. 生成对抗模型

二、填空题

1. 自动编码器由_____和_____两部分组成。
2. 生成式人工智能的最大特点在于能根据训练数据生成新数据，如文本、_____和音频等。
3. 生成对抗模型（GAN）的核心组成包括_____和_____两部分。

三、简答题

1. 简述生成对抗网络的训练过程与传统的分类模型不同之处。
2. 简述自编码器的结构特点及其作用。

项目 7　大模型

7.1　项目描述

以前小明遇到不懂的问题都是用百度进行查找，很快就可以搜索到符合自己需求的网页。最近小明发现，在搜索的结果中出现了人工智能的问答，得到结果往往更精准，省去了自己从网页中找答案的时间。现在小明遇到不懂的问题就会直接使用人工智能来回答，并且这样聪明的人工智能在网上还有很多。小明心中存在疑问，这些能回答问题的人工智能到底是怎样开发出来的呢？这里面的技术跟深度学习、神经网络有关系吗？小明想更深入了解这背后的技术，并希望能在更多的地方利用这项人工智能技术，为自己带来方便。

7.2　项目分析

最近在网上出现的文心一言、豆包等都属于人工智能的范畴，自然背后的技术也是读者熟悉的深度学习，它们同样利用了深层的神经网络模型来学习大量的知识，所以能准确地回答出用户提出的问题。只不过，这些能回答问题的人工智能与之前了解的神经网络模型稍有不同，通常把它们称为"大模型"，下面就通过学习大模型的发展历程、大模型背后的相关技术以及大模型的应用方向，来更深入地了解它。

7.3　相关知识

一般来说，通过在大型文本语料库上进行训练，专用于自然语言处理任务的深度学习模型称为大语言模型（Large Language Model，LLM），简称为"大模型"。因为研究者们为了提高模型的表达能力和预测性能，不断尝试增加模型的参数数量，所以才诞生了大模型这一概念。这些大模型通常具有数十亿甚至数千亿个参数，需要使用海量数据在大量硬件资源上进行训练，能够捕捉到数据的深层次特征以及数据中的复杂关系，提高模型在各类任务中的泛化能力。大模型与小型模型本质上都采用了相似的神经网络架构以及训练方法，但通过扩展模型的规模后，带来了令人意料之外的模型性能跃升，实现了用单一模型来解决众多复杂的任务功能。

目前大模型已成为人工智能发展的重要方向，为各行各业带来了前所未有的变革，标志着人工智能向通用智能迈出了重要一步。在经历了基于数据的互联网时代和基于算力的云计算时代之后,目前正步入一个以大模型为基础的人工智能新时代。

7.3.1 大模型的发展

虽然大模型拥有强大的性能,短短几年的时间就席卷了整个社会,但是支撑这些模型的背后技术却不是一蹴而就的,下面来看一下大模型是怎么发展起来的,其发展历程可归纳如下。

1. 探索阶段

20世纪90年代,神经网络技术重新复苏,这时候人们已经发现深层的神经网络可以有更好的特征提取效果,研究者们开始探索大规模神经网络模型,这也是大模型的早期探索时代。例如前面做过的手写体数字识别在这个时候也已经用卷积神经网络完成了,但由于硬件计算能力和数据集规模的限制,模型参数无法提升。

2. 突破阶段

2012年,由于互联网的普及,人们进入了大数据时代,具备了收集海量数据的条件,同时硬件平台也得到了迅速发展,解决了训练模型的算力问题。于是,模型的识别能力开始变得越来越精准,使用的数据集也越来越大。这个时候,用于图像分类的AlexNet模型被提出来,它是一个深层的卷积神经网络结构,分类效果远超其他模型,标志着深度学习在计算机视觉领域的突破,而训练AlexNet模型的图片数量超过了1 400万张,深度学习模型逐渐开始朝"大"的方向发展。这个时期,在自然语言处理领域中,Word2Vec诞生,首次提出将单词转换为向量的"词向量",计算机也开始变得能更好地理解和处理文本数据了。

3. 开启阶段

2017年,基于注意力机制的Transformer模型出现,开启了自然语言处理领域的大模型时代。之后的语言模型几乎都采用或部分采用了注意力机制,并且在其他领域的应用也开始慢慢拓展。

4. 爆发阶段

2020年,经过前两代模型的沉淀,GPT-3发布,将大模型参数规模推向千亿级别,引发了广泛关注。它基于深度神经网络的架构,可以生成自然语言,完成文本分类、翻译、问答、对话等多种任务。ChatGPT是将GPT-3专门针对对话交互场景进行优化而来的。训练数据集更加注重对话交互领域的数据,可以更好地适应对话交互场景,提供更加流畅、自然的对话交互体验。

7.3.2 大模型的分类

自从人们发现深层神经网络的特征提取能力后,模型开始变深,结构上也出现了针对图像的卷积神经网络和针对文本的注意力网络,并且训练它们的数据也越来越多,直到现在演变为人们所熟知的大模型。其基础虽然还是一个神经网络

微课7-1:
大模型发展和分类

结构，但可以根据应用场景和任务类型，将大模型分为以下几类。

1. 通用大模型

大模型最开始针对的就是文本数据，且能进行文本语言对话，如GPT-3，这里说的通用是指通用的大语言模型，能在自然语言处理中完成多种类型的任务，如文本生成、文本分类、机器翻译等。

2. 特定领域大模型

专门针对某个领域的细分场景，大模型需要庞大的数据集和大量的训练时间。而用于训练特定领域大模型的数据集较小，在更小的数据范围内进行专业领域知识的训练，因此可以更快、更高效地进行训练。

3. 多模态大模型

能够处理多种模态的数据，如图像、文本、语音等，如GPT-4。目前的多模态大模型已经初步具备了基于视觉或语音信息进行推理的能力，可以称得上是真正的通用大模型。前面在利用生成式模型做图像描述和文本生成图像这类任务时，组合使用了语言模型和图像特征提取模型，可被看作是一个简单的多模态模型。

7.3.3 大模型技术

1. 大模型的"大"

未来大模型必然会给各行各业都带来难以估量的影响和改变，但是对于大模型的正确使用，却始终要建立在对于大模型的了解之上。大模型之所以大，一是训练数据大，二是模型本身大。大模型的训练数据量是非常惊人的，仅以GPT-3为例，它的训练数据包含了数千亿个单词。如果一个人的阅读速度很快，每天可以读10万字，每年365天不眠不休地读书，要读完GPT-3的训练数据量大约需要1万年。这样庞大的数据量，自然可以涉及人类知识的方方面面，从日常对话到专业文献，从新闻报道到文学作品，几乎涵盖了人类语言的所有范畴。正是这种全面深入的阅读和记忆，让大模型得以构建起一个庞大而复杂的知识网络，让它能够理解和生成各种类型的文本，回答各种领域的问题。比如，当用户问大模型"光合作用是什么？"时，它不仅能给出准确的科学解释，还能联系到植物生长、生态系统等相关知识；当要求它写一首关于春天的诗时，它能立刻切换到文学创作的模式，运用丰富的意象和修辞手法。

不过大模型毕竟不是人，它要真正学习到这些海量的资料，就涉及第二大：模型本身的规模。大模型的参数数量是非常惊人的，仍然以GPT-3为例，它拥有1 750亿个参数。之前说过，这些参数可以理解为神经元之间的"连接"数量，每个参数都存储了模型学习到的一部分知识。参数数量越多，模型就越能够捕捉和表达复杂的语言模式和知识关系。这也正是现如今的大模型越来越大的主要原因。还是和人类作对比：人脑大约有860亿个神经元，而GPT-3的参数数量是这个数字的2倍还多。当然人脑神经元是比人工神经元复杂的，但是通过对比却能实实在在地感受到大模型的宏大。正是这个庞大的参数网络使得大模型能够进行极其复杂的信息处理和推理，比如当要求模型解释一个复杂的科学概念时，它能够从多个角

微课7-2：
大模型技术

度进行阐述，并根据上下文调整解释的深度和方式；当要求它分析一篇文学作品时，它能够从作品的主题、风格、人物刻画等多个层面进行解析。

把大模型的以上特点总结起来如下：

① 参数规模大。大模型具有数十亿甚至千亿级别的参数，能够捕捉到数据中的深层次特征。

② 训练数据量大。大模型通常在数百吉字节（GB）甚至太字节（TB）级别的数据上进行训练，提高了模型的泛化能力。

③ 计算资源需求高。大模型训练过程中需要大量计算资源，如GPU、TPU等。

④ 模型泛化能力强。泛化能力是指模型能将在训练数据中学习到的知识推广到新的、未见过的数据上，大模型在各类任务中都表现出具有较强的泛化能力。

2. 大模型的预训练

大模型的训练包括预训练和微调两个阶段。值得注意的是，GPT这3个字母中的G指"生成式"，P指"预训练"，T指"Transformer"。可见，预训练在大模型中的重要作用，其中生成式和Transformer在前面已经学习过了，现在来看看预训练是怎么回事。预训练是大模型训练的第一步，预先用大量广泛而多样的数据来训练模型，让模型在见到特定任务数据之前，先学习到数据中通用的知识，从而提升模型在目标任务上的表现能力。模型在学习了通用知识后，转而再去学习某个领域的知识是比较容易的，需要的训练样本也会减少很多。下面来看一个例子，假设现在有一个水果图像数据集，如图7-1所示，要用这些图像数据训练一个卷积神经网络来对水果进行分类，但是发现这些数据量不够，不足以训练出一个有效的模型来识别水果类别。该怎么办呢？

图 7-1 水果分类任务

假设现在刚好有前面提到过的Alex模型，这个模型也是一个图像分类模型，它已经在超过1 400万幅图像的数据上训练过了，并且可以较准确地将这些图像分为1 000个类别。可惜的是，这些数据里面刚好又没有水果图片，也就是说，虽然Alex模型的图像分类能力很强，也训练过了大量图像，但偏偏不认识水果。这时，虽然Alex不能识别水果，但它已经有了很强的识别图片的基本功，对图像中的线条、纹理、颜色这些特征已经很熟悉了。所以可以在这个模型上面，用少量的水果图像再训练一次，Alex就能很好地识别出水果类别了。如图7-2所示，已经训练过的Alex就称为预训练模型，再次用水果图像进行少量样本的训练，就称为对Alex模型的微调。

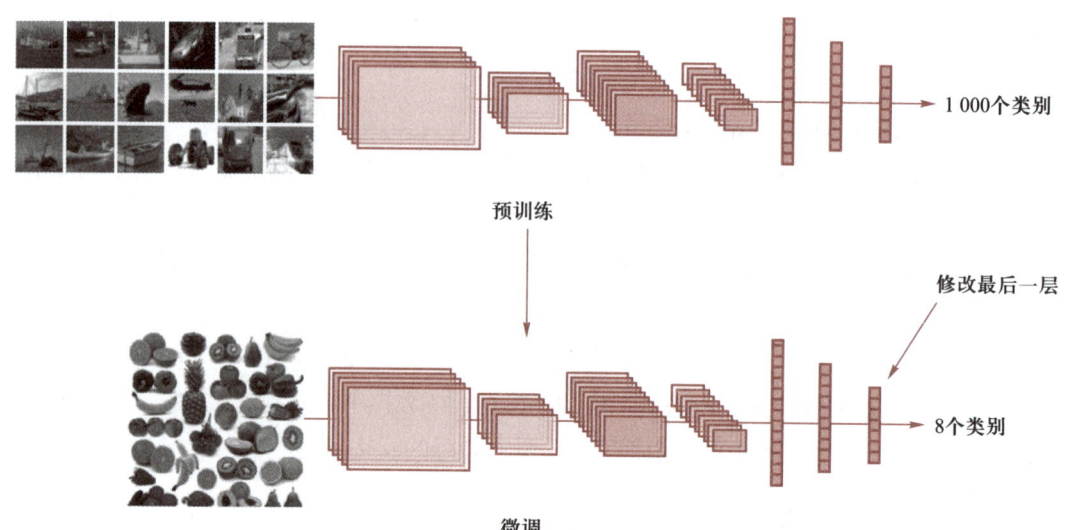

图 7-2 预训练模型完成水果分类任务

但是也要对预训练模型稍微改进一下，因为 Alex 原来是分类 1 000 个类别，所提供的水果图片却没有这么多分类，比如只有 5 个类别，那就把模型输出层的神经元由 1 000 个改为 5 个后，再微调训练就可以了。这个过程中训练方式就和大模型的训练很相似，也是经过了预训练再微调。经过预训练的模型就好像一个精通十八般武艺的武林高手，有很强的基本功。如果有一天他要学习一门自己从未见过的功夫，只要稍加训练，他就能比别人更快上手，因为各门功夫总是相通的。类似地，要识别的图像，无论是水果还是人物，都是由基本的线条、纹理、颜色组合而成，这样特征模型在预训练时早就已经学会了。

对于大模型来说，预训练就相当于已经学到了丰富的通用特征，但这些特征和知识可能并不完全适用于特定的目标任务。微调通过在新任务的少量标注数据上进一步学习，使模型能够学习到与目标任务相关的特定特征和规律，从而更好地适应新任务。

3. 大模型的微调

大模型一旦完成预训练后，就可以开始进行微调。分为在新任务数据集上的再次训练来微调，以及基于人类反馈的微调。

（1）在新任务的小规模标注数据集上进一步训练

这种方式以预训练模型作为基础，在新任务的小规模标注数据集上，使用有监督学习的方法对预训练模型进行微调，以使其适应新任务。可以调整模型的全部参数，也可以冻结部分层的参数不调整（一般是输出层），保持模型大部分参数不变。这种微调方法适用于那些有明确标注数据集的任务，如文本分类、命名实体识别等。

（2）基于人类反馈的微调

这是一种有监督微调的特殊形式，希望让模型理解和遵循人类指令。

如图 7-3 所示，首先需要准备一系列的自然语言任务，并将每个任务转化为指令形式，其中指令包括人类对模型应该执行的任务描述和期望的输出结果。然后，输入这些指令到已经预训练好的大模型中，最后对模型的输出结果进行反馈。这种使用反馈指导模型微调的方法也是监督学习的一种,大模型通过学习和适应人类的反馈来提高其在特定任务上的表现,适用于需要高度人类判断或创造力的任务,如对话生成、文本摘要等。

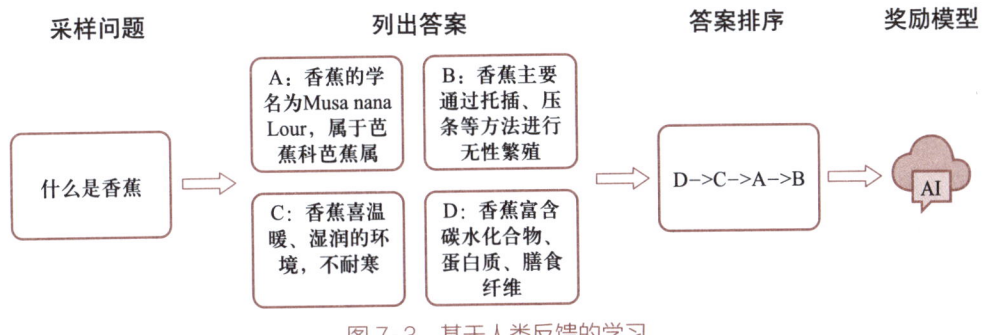

图 7-3　基于人类反馈的学习

7.3.4　大模型应用

微课 7-3：
大模型应用

作为一条新技术路径,大模型对于人工智能算法的研究与实践产生了重要的影响。下面将分别介绍大模型在不同领域中的应用进展情况。

1. 传统自然语言处理任务中的大模型应用

语言模型是自然语言处理领域的重要研究方向之一,如图7-4所示。自然语言处理任务上的应用,包括序列标注、关系抽取以及文本生成任务,这些任务构成了许多现有自然语言处理系统和应用的基础。

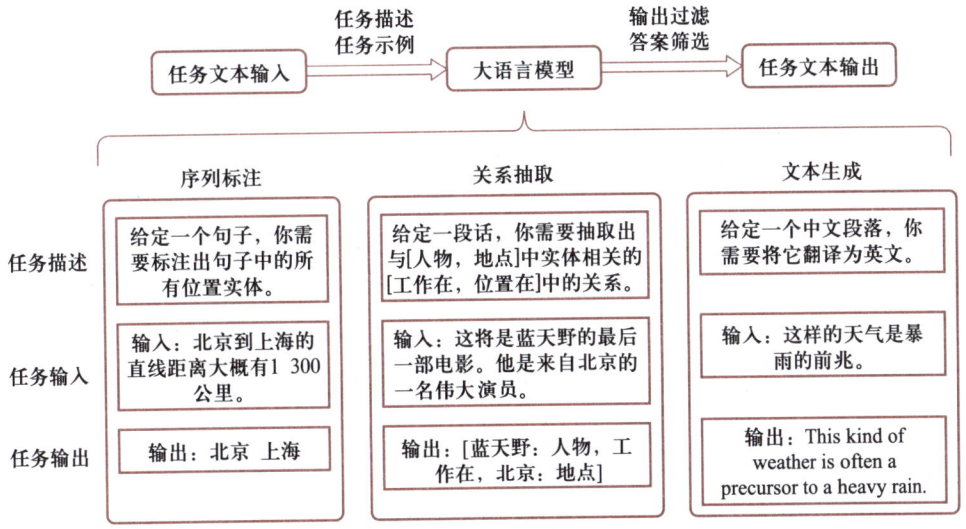

图 7-4　自然语言中大模型的应用

(1) 序列标注

序列标注任务,如实体命名和词性标注,是一种基础的自然语言处理任务。通常来说,这类任务要求为输入文本序列中的每一个词项分配适当的语义类别标签。不同于传统方法,大语言模型可以通过上下文学习或基于特殊提示的方式解决序列标注任务。例如,仅需要给予大模型相关的提示（如"请识别出句子中包含的实体"）或任务示例（如"输入文本'中华人民共和国今天成立了'，请抽取出其所包含的命名实体：'中华人民共和国'"）即可自动抽取出实体。

（2）关系抽取

关系抽取任务关注于从非结构化文本数据中自动提取出蕴含的语义关系。例如，当输入为"我出生在中国"，其包含的语义关系三元组为"我-出生地-中国"。通常来说，这类任务会被转化为文本分类或序列标注任务，并可以采用对应的技术方法进行解决。由于大模型具有出色的推理能力，它能够借助特定提示方法（如上下文学习等）来完成关系抽取任务，并在涉及复杂推理场景的任务中相较于小模型更具优势。

（3）文本生成

文本生成，如机器翻译和自动摘要，是在现实应用中常见的自然语言处理任务。目前，小型模型已经被广泛部署于许多产品和系统中。由前述内容所述，大语言模型具备强大的文本生成能力，通过适当的提示方法，在很多生成任务中能够展现出接近人类的表现。此外，大语言模型的使用方式更为灵活，可以应对实际应用场景的很多特殊要求。例如，在翻译过程中，大语言模型能够与用户形成交互，进一步提高生成质量。

2. 推荐系统中的大模型应用

推荐系统的核心在于捕捉并理解用户的潜在偏好，进而为用户推送合适的信息资源。目前，主流的研究工作通常依赖于用户的交互行为日志数据（如点击商品、评论文本数据）来训练推荐模型（通常是深度学习模型）。然而，这些方法在实践中面临着一系列技术挑战，如缺乏通用的知识信息。由于大模型具有优秀的语言理解和知识推理能力，近来很多研究尝试将其应用在推荐系统领域。

（1）大模型作为推荐模型

大模型可以直接作为推荐模型来提供推荐服务，如图7-5所示。根据是否需要进行参数更新。比如，采用提示学习与上下文学习方法，通过设计一系列自然语言提示来完成多种推荐任务。首先，可以将用户交互过的物品的文本描述（如物品标题、描述、类别等）拼接在一起得到一个长句子作为输入文本。然后，结合任务描述构造个性化推荐指令（例如"请基于该用户的历史交互物品向其推荐下一个合适的物品。"）。此外，还可以在提示中加入一些特殊的关注部分来提高推荐性能，可以强调最近的历史交互物品（例如"注意，该用户最近观看的电影是《开天辟地》。"）

（2）大模型作为推荐模型的增强

大模型还可以用于增强推荐系统的数据输入、语义表示或偏好表示，以从不同角度改进已有推荐模型的性能。

在数据输入端，大模型可以用于用户或物品特征的增强。对于用户特征来说，可以使用大模型对用户的交互历史进行推理分析，以获得更为详细的用户兴趣或蕴含的偏好信息。对于物品特征来说，大模型可以被用于从物品文本描述中提取关键属性或者推测缺失的物品特征。在此基础上，传统的推荐模型可以利用这些增强后的输入数据实现更为精准的推荐。

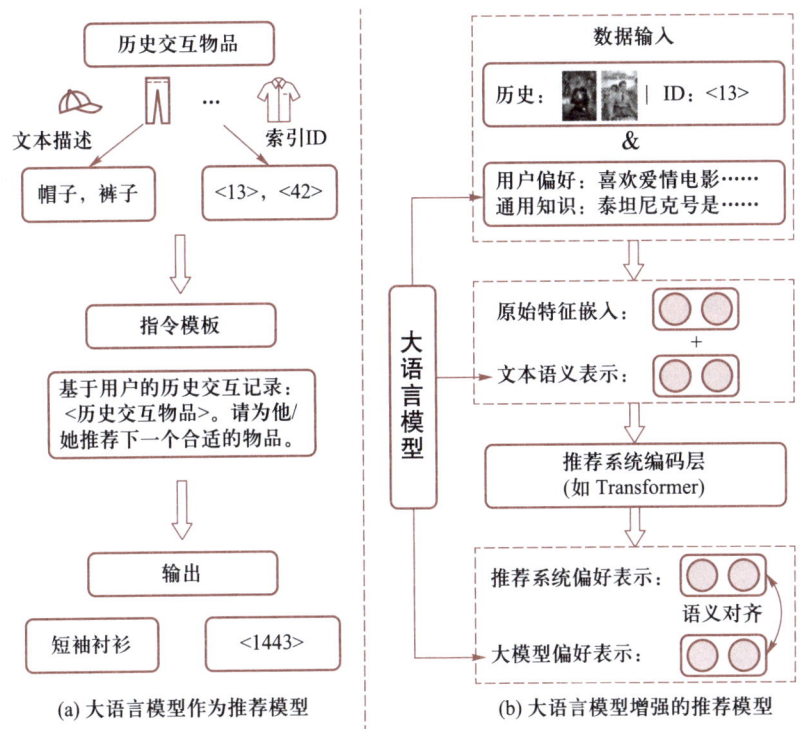

图 7-5 推荐系统中大模型的应用

在中间编码层,大模型通常被用来编码用户和物品的描述性信息(如物品的标题信息以及用户的评论文本),从而获得用户或物品的文本语义表示,可以将这些富含知识的语义表示作为输入特征,进而增强原有推荐模型的推荐效果。

除了上述两种方式外,还可以通过联合训练大语言模型和传统推荐模型,使两者输出的偏好表示对齐,进而增强推荐模型偏好表示的质量。该方式可以将大语言模型的语义建模能力迁移给较小的协同过滤模型,以发挥大、小模型各自的优势。

3. 大模型赋能人形机器人

在工业4.0智能化时代背景下,智能机器人已广泛应用于工业制造、国防安全、智能服务等各个行业,并具有广阔的应用前景。在过去的几十年里,工业机器人发挥了重要作用。而为了解决服务机器人的问题,人类利用AI技术走向了人形机器人的研发之路。

人形机器人主要模仿人的形态、运动和功能,还可以与人进行交流,是一种通用的智能机器人,集成了人工智能、高端制造、新材料等尖端技术,也是科技竞争的制高点和未来的新赛道。人形机器人关键技术的发展如图7-6所示,主要分为大脑、小脑和肢体3个方面。大脑主要解决复杂环境感知决策、人机交互;小脑为控制系统,主要负责运动建模、复杂控制以及各种形态的控制;而肢体方面则是整机和部件的共同发展。未来,人形机器人的开发也主要在这3个方面。其中,大模型使人形机器人可以解决复杂规划问题,具备情感和理解人的意图;小脑负责机器人的运动控制,从传统的模型驱动转向数据驱动。通过强化学习,机器人小脑变得更加灵活,加速了控制器的开发。此外,具身智能的发展也加速了人形机器人的多模态交互和学习能力。

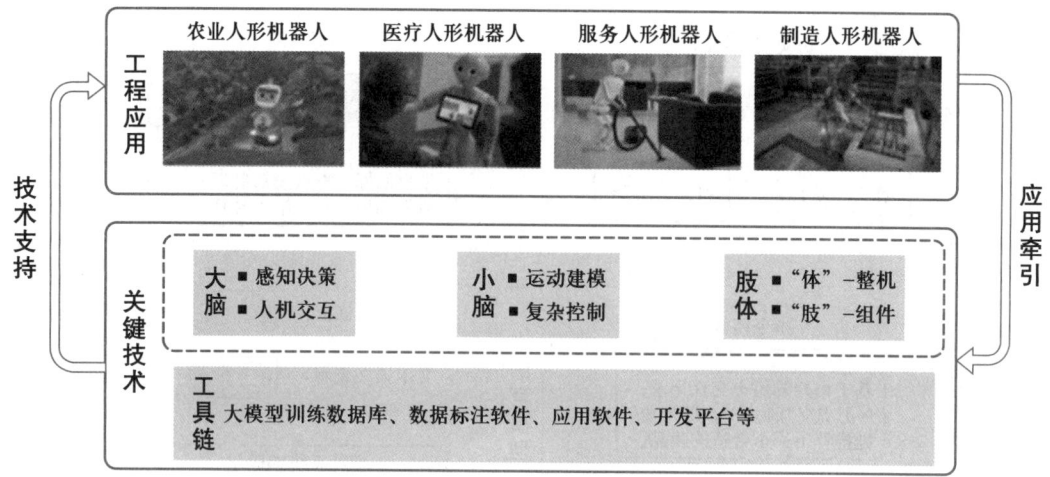

图 7-6 人形机器人发展路径

将大模型赋能到人形机器人，需要注意以下几个方面。首先，通过这个模型提升人形机器人的自然语言交互，使机器人能够与人进行自然语言的交互理解；其次，需要识别复杂场景视觉感知；第三，需要对动作和规划进行精准把控；最后，需要进行自主学习提升来完成任务。人形机器人与其他机器人的最大不同，在于它需要具备情感计算和表达能力。大模型为机器人注入了新的活力，使人形机器人具备了情感表达和分析能力。

4. 大模型带来的安全与隐私问题

大模型为人工智能技术发展提供了新方向，大模型具有强大的泛化能力，有助于降低人工智能应用的开发成本，有望在更多领域实现突破。但同时，大模型也可能导致数据隐私泄露，需要加强对数据安全的保护。在使用大模型时，需要明确大模型返回的数据，如代码或内容是否安全和无恶意。主要应关注以下几个关键问题。

① 信息泄露。无论是开源模型还是闭源模型，都有可能在生成的文本中无意泄露训练数据中的敏感信息；

② 生成不适当内容。无论是开源模型还是闭源模型，都可能生成攻击性、不恰当或误导性的内容；

③ 被恶意利用。无论是开源模型还是闭源模型，都可能被恶意用户利用，生成虚假信息或用于网络钓鱼等恶意活动。

根据以上几点，在使用大模型时，由于输入的信息会被大模型处理并生成相应的内容，因此，关键问题在于提交的信息是否涉及安全和隐私问题。如果这些信息需要提交给大模型，那么必须考虑大模型是否会保存这些信息并可能泄露给他人。首先，大模型本身通常不会存储用户的输入数据。然而，当用户使用闭源大模型服务时，数据需要通过服务商提供的API进行传输。在这种情况下，无法确定服务商是否会保存用户的输入信息。因此，对于敏感信息，最好避免上传。此外，有些基于大模型的应用会保存用户输入的信息作为应用的一部分功能，如历史记录等。当使用开源大模型时，通常不会遇到这类问题。因为开源大模型的使用通常基于开发者自己开发或部署的应用服务，这些服务由开发者自行控制。因此，是否存储数据、如何存储以及存储后的安全性都在开发者的掌控之中。

大模型作为人工智能领域的重要研究方向，正引领着我国人工智能产业迈向新的发展阶段。面对大模型带来的机遇与挑战，需要加强技术创新，优化模型结构，提高计算效率，确保数据安全，为我国人工智能产业的发展贡献力量。

7.4 项目实施

微课7-4：
项目实施

大模型还采用了一种强化学习的训练方式。强化学习常用于某些机器人研究以及在游戏中当作AI助手。强化学习特别擅长在获得所谓的奖励时调整自己接下来应该做什么。奖励只是一个数字，表示它做得有多好，比如做得很好加100；做得很差减100。在给大模型输入指令时，如果能告诉它做得好不好，那么它就会根据反馈进行微调，这就是一种强化学习方式。比如用户可以在文心一言大模型中提出一个问题，然后通过多次生成不同的答案，来比较哪个答案更好，以此来帮助大模型获得反馈，步骤如下。

步骤1：打开文心一言主页，提出问题

打开文心一言主页，向其提出一个问题，如："请以秋分为主题，写一首20个字的诗"，如图7-7所示。

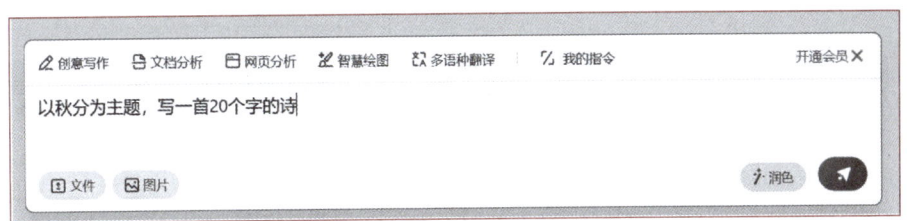

图7-7　向大模型提出一个问题

步骤2：重新生成答案

待模型输出完整答案后，单击下方的"重新生成"按钮，再次生成一个答案，如图7-8所示。

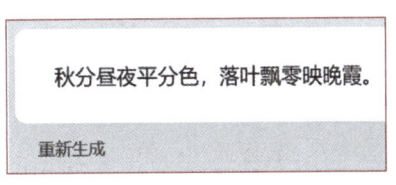

图7-8　重新生成答案

步骤3：反馈两次答案的结果

得到新生成答案后，可以根据答案下方的反馈提示，选择一个认为更好的比较结果，如图7-9所示，这样就可以帮助大模型学习成长。当然也可以继续单击"重新生成"按钮，让模

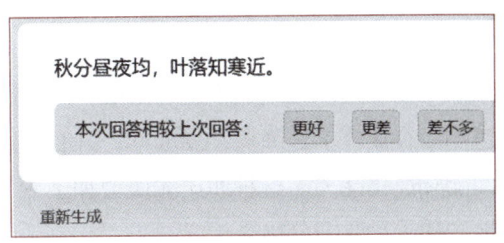

图7-9　反馈两次答案的比较结果

型再次生成新的答案。

7.5 项目拓展

1. 通用大模型的"工业潜力"

本节旨在讨论大模型在工业领域中的未来发展趋势。通用大模型作为人工智能从专用化迈向通用化的发展新阶段，在工业领域中展现出了巨大的"工业大脑"潜力。如图 7-10 所示，这些潜力主要体现在智能决策、预测与优化、监测与控制几方面。这源于通用大模型经过海量多模态数据的预训练，具有卓越的理解能力、生成能力和泛化能力。在此基础上再进行工业环境下的生产环节数据和经验的适配后，能形成精准的生产管理模型。在研发设计领域，大模型能够深度挖掘和分析海量数据，为产品设计提供更为精准和创新的思路；在经营管理领域，大模型能够实现对生产流程、供应链管理等各个环节的监控和智能优化。读者可以思考一下，通用模型在工业生产中还有哪些作用呢？

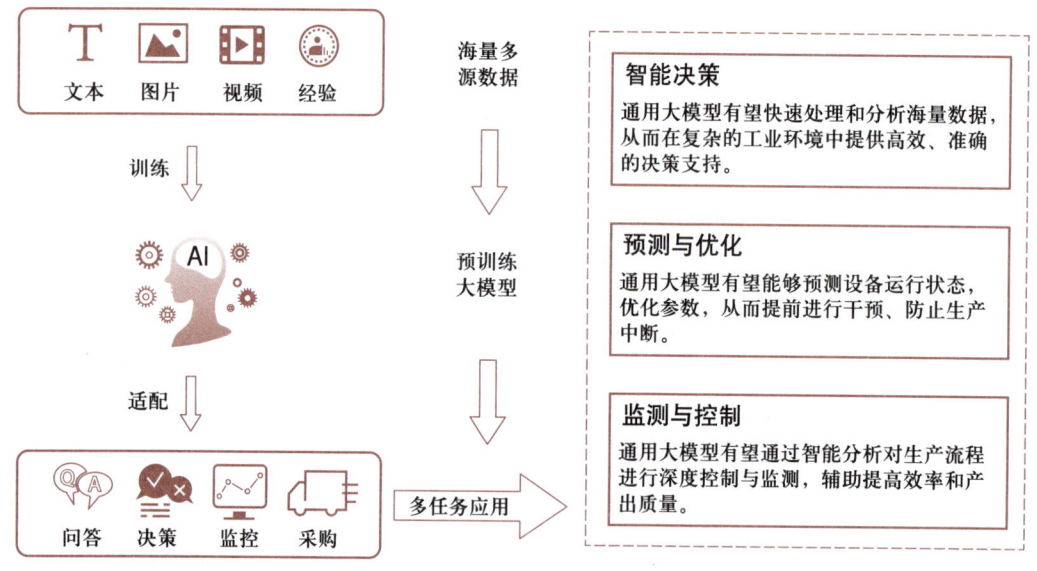

图 7-10 通用大模型的"工业大脑"潜力

2. 通用大模型与专用大模型的结合

虽然通用大模型通过处理大量通用数据获得广泛的知识基础，但也面临着数据质量、成本、灵活性等挑战。而专用大模型针对特定工业场景或任务进行训练和优化，具有更高的精度和效率，能够解决通用大模型在特定场景下可能存在的性能不足问题。如图 7-11 所示，如果专用模型以通用大模型为基础，通过行业数据微调，使其适应特定工业场景，则能够快速响应行业需求，降低开发成本，并且通用大模型提供的基础能力有助于提升专用大模型的性能和泛化能力。这种通用大模型加上专用领域知识微调训练后形成的专用大模型可以更好地应用于行业细分场景。

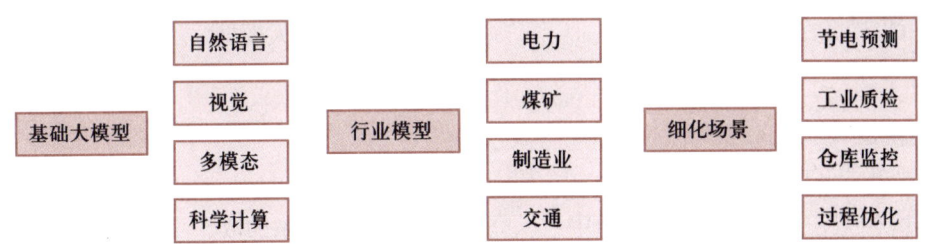

图 7-11 行业模型更适合于工业领域细分场景

通用大模型负责向专用大模型输出基础模型能力,专用大模型再将应用中的数据与结果反哺给通用大模型。随着技术的不断进步,通用大模型与专用大模型之间的界限将更加模糊,两者之间的技术融合将成为未来的发展趋势,共同推动工业智能化的发展。思考一下,大模型在制造业中还可以在哪些方面提升效率?

7.6 项目小结

通过学习,读者已经了解了大模型的相关概念和知识,学习了大模型的训练流程和相关领域的应用情况。大模型短时间内获得广泛关注正是因为大数据的发展给深度学习提供了足够的训练数据,而硬件算力的提升保证了模型能在可靠的时间内训练完成。

同时还明白了,大模型其实也是一个神经网络模型,但由于它的预训练加微调的学习方法,使其接受了海量知识的训练,所以它能看上去那么智能。

同时也要注意大模型的安全隐私问题,主要包括数据安全和隐私泄露、提示注入风险、内容违规和误用滥用风险。

7.7 项目练习

一、选择题

1. 下列(   )是代表性的大语言模型。
   A. Tansformer   B. 文心一言   C. 自编码器   D. CNN
2. 大模型普遍采用了下列(   )结构。
   A. 感知机   B. 自编码器
   C. 全连接神经网络   D. 基于注意力机制的Tansformer
3. 下列(   )不属于大模型的特点。
   A. 体积大   B. 需要海量训练数据
   C. 模型参数规模大   D. 计算资源需求高
4. 大模型的分类不包括下列(   )。
   A. 通用大模型   B. 对话大模型

  C. 特定领域大模型   D. 多模态大模型

二、填空题

1. 大模型的训练主要包括_____和微调两部分。
2. 大模型在自然语言处理任务中可以完成序列标注、关系抽取、_____。
3. 人形机器人主要模仿人的_____、运动和功能，还可以与人进行交流。

三、简答题

1. 在当前人工智能的浪潮中，我们应该如何扮演自己的角色，参与到大模型领域中？
2. 简述通用大模型与专用大模型的特点。

应用篇

项目8　制作"个人简介"演示文稿

8.1　项目描述

作为大一的新生,小明注意到一些高年级同学在竞选班干部、评选奖学金,毕业期准备面试时都会准备一份"个人简介"的演示文稿来展示自己的闪光点。已经学习过"信息技术"课程的小明看着这些图文并茂的幻灯片,也想制作一份属于自己的"个人简介"演示文稿。但小明担心自己第一次制作"个人简介"演示文稿会有忽略遗漏的地方,于是他决定借助现代科技手段帮助自己。

8.2　项目分析

本案例将使用AI工具,生成一个"个人简介"的演示文稿,用以展示学生个人风采。本项目主要使用的工具是讯飞星火大模型中的"讯飞智文"。熟练掌握"讯飞智文",可帮助大家提高写作效率、降低写作难度、提升文本质量。其操作比较简单,适合初学者使用。

8.3　相关知识

8.3.1　"讯飞智文"简介

讯飞智文是科大讯飞旗下的AI一键生成PPT/Word的网站平台,它基于讯飞星火认知大模型,融合了自然语言处理(NLP)、语音识别和机器学习等先进技术,为用户提供智能化、一体化的文档创作解决方案。其主要功能如下。

微课8-1:
讯飞智文简介

1. 文案处理相关功能

① 文案改写:提供丰富多样的改写形式,包括润色、扩写、拆分、翻译、缩写、总结、提炼、纠错与改写等十几种文本编辑操作。如在商务报告中,若发现某个段落表述较为晦涩,可使用扩写功能使其更加通俗易懂;在撰写学术论文时,能迅速纠正语法错误并进行优化。

②语义纠错与优化：实时检测文案中的语法、拼写错误，并提供优化建议，有效提升文案的准确性和流畅性。比如在撰写长篇文章时，难免会出现一些疏忽，通过该功能可及时发现并解决问题。

③文本生成：支持多种文本格式的生成，如文章、报告、剧本、歌曲、邮件等。只需输入主题、内容和要求，就能自动生成完整文本。同时，还能自动优化文本的结构和逻辑，使其连贯有条理，并添加描述性语言让内容更丰富生动。

2. 多语种处理功能

①多语种文档生成：广泛覆盖英、俄、日、韩等多种外语文本生成，适用于跨国企业、对外贸易、外语教育等领域。如外语培训机构教师可利用此功能快速生成多种语言的教学内容。

②多语种文本互译：无缝衔接翻译功能，在文档创作过程中可实现不同语种之间的互相转换，且能保持语言风格，使翻译结果自然流畅。在国际商务合作的文件处理中，这一功能尤为实用。

3. PPT 制作相关功能

①一键生成 PPT：无论是一句话主题还是超长文本，均可一键轻松生成包含标题、正文、图片和图表的 PPT。大大节省了制作时间和精力，如会议报告准备时，输入主题即可得到基本框架。

②内容优化：生成的 PPT 内容逻辑清晰、条理性强，能深入理解主题并进行有效信息组织。还可自动调整布局排版，使其美观大方、符合专业演示要求。对于已有的 PPT，也能分析问题并给出优化建议。

③模板图示秒切换：提供丰富多样的模板，涵盖商务、教育、科技、艺术等多个领域，每个模板都有精美的设计和多种样式的排版图示。用户可自由调整元素位置、大小和整体布局，实现个性化创作。

④语音解说添加：支持为 PPT 添加语音解说，可直接录制或输入文字描述生成 AI 语音。在教育培训场景下，教师可为教学课件添加语音解说，方便学生自主学习；在产品发布会上，能吸引观众注意力，提升演示效果。

4. AI 自动配图功能

根据输入的文本内容自动生成 AI 文生图提示词，一次即可生成多张 AI 图片供选择。在制作文档或 PPT 时，当需要图片丰富视觉效果时，该功能极为便利。例如旅游宣传文档中，输入景点描述后可得到风景图片提示词，进而选择合适的图片，增强文档的视觉吸引力。

5. 智能格式化与云端协作功能

在 Word 文档或 PPT 方面，能一键调整整体风格，统一字体、字号、行间距等格式，智能格式化文档排版，使内容呈现更加清晰易读。

支持多人在线编辑和实时共享，适配远程办公需求。团队成员即使分布在不同地点，也能同时对一个文档或 PPT 进行编辑工作，提高工作效率，减少沟通成本和文件版本混乱等问题。

8.3.2 "演示文稿"简介

演示文稿指的是把静态文件制作成动态文件浏览，使之更生动，幻灯片是演示文稿的基本构成单位。

8.4 项目实施

步骤1：访问讯飞星火大模型

微课8-2：项目实施

打开讯飞星火大模型主页，单击"讯飞智文"，如图8-1所示。

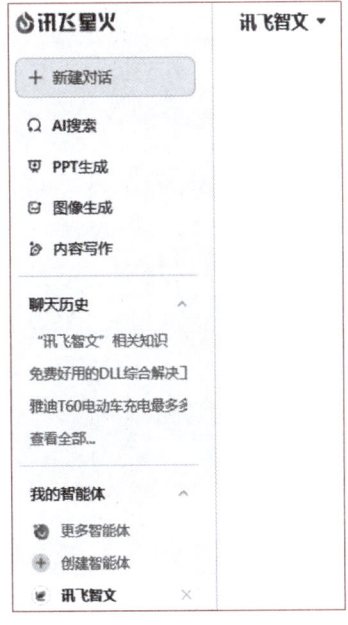

图8-1 进入讯飞智文

步骤2：输入提示词

根据需求，可填写以下提示词："请以大一新生的身份，生成一份'个人简历'的WPS演示文稿"，如图8-2所示，完成后单击"发送"按钮。

图8-2 输入提示词

经过短暂等待,"讯飞智文"生成结果如下。

根据您提供的信息,以下是为您初步创建的PPT大纲。您可以自由地对其进行编辑和调整,或者直接参考这个大纲生成PPT演示文稿。

主标题:大一新生个人简历
副标题:展示青春活力与学术潜力
个人信息
　　基本资料
　　教育背景
　　兴趣爱好
校园经历
　　学生会参与情况
　　社团活动经验
　　志愿服务工作
荣誉与奖项
　　高中阶段荣誉
　　大学入学奖学金
　　校内外竞赛获奖
技能与证书
　　语言能力
　　计算机及办公软件应用
　　专业相关资格证书
自我评价
　　性格特点描述
　　个人优势分析
　　职业目标设定
求职意向
　　应聘岗位方向
　　求职原因阐述
　　未来职业规划

小明发现,"讯飞智文"给出的演示文档考虑比较全面,但不够具体。于是喜欢打篮球、热爱运动的小明尝试着再次加入其他提示词,看能否获得更适合自己的演示文稿。

步骤3:再次输入提示词

填写以下描述语:"在以上内容基础上,加入'喜欢打篮球'的个人爱好,以展现个人特点",如图8-3所示,完成后单击"发送"按钮。

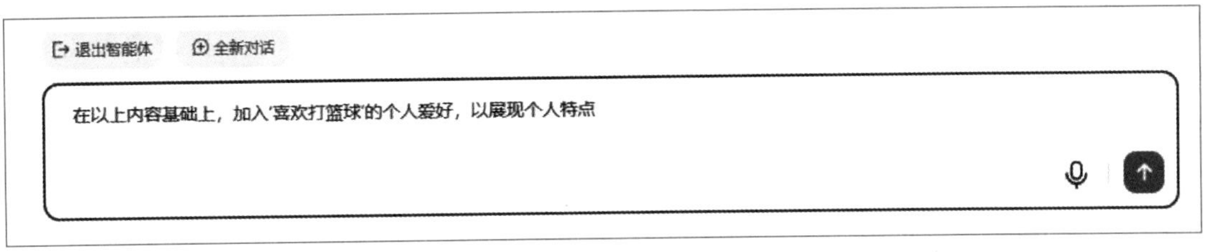

图 8-3　再次输入提示词

经过短暂等待,"讯飞智文"生成结果如下。

　　主标题:个人特点展现
　　副标题:篮球爱好者职业之路
　　个人简介
　　　　基本信息
　　　　教育背景
　　　　兴趣爱好
　　篮球爱好描述
　　　　接触篮球经历
　　　　参与比赛及成就
　　　　篮球带来影响
　　职业技能展示
　　　　团队合作能力
　　　　领导能力
　　　　问题解决能力
　　工作经历
　　　　过往岗位及职责
　　　　关键项目
　　　　取得成果
　　职业发展与规划
　　　　未来职业目标
　　　　自我提升计划
　　　　职业发展策略
　　爱好与职业结合
　　　　篮球爱好促进职业发展
　　　　篮球技能转化为职场优势
　　　　将爱好融入日常工作

步骤4：手动编辑优化

在得到第2份WPS演示文稿后，小明觉得还有些地方需要修改，可直接再次单击"编辑"进行手动修改，如图8-4所示。

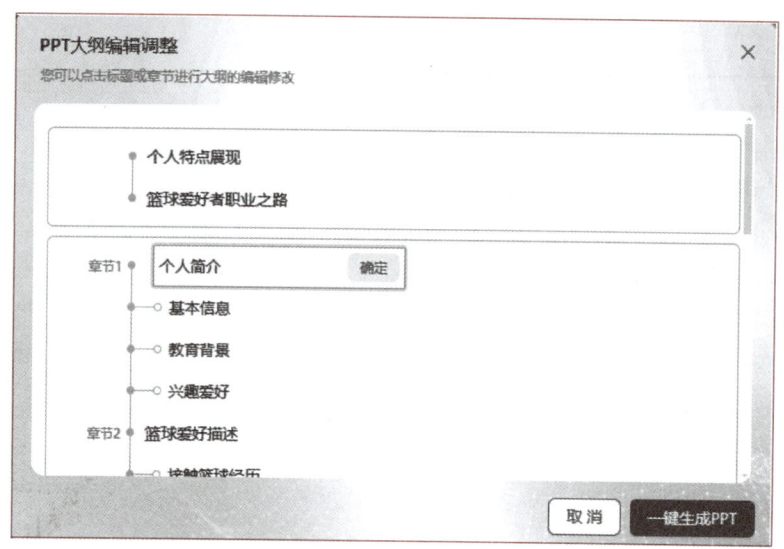

图8-4　手动编辑

步骤5：一键生成并下载

手动修改后，可单击"一键生成PPT"按钮生成演示文稿并下载。如图8-5、图8-6所示。

图8-5　一键生成PPT

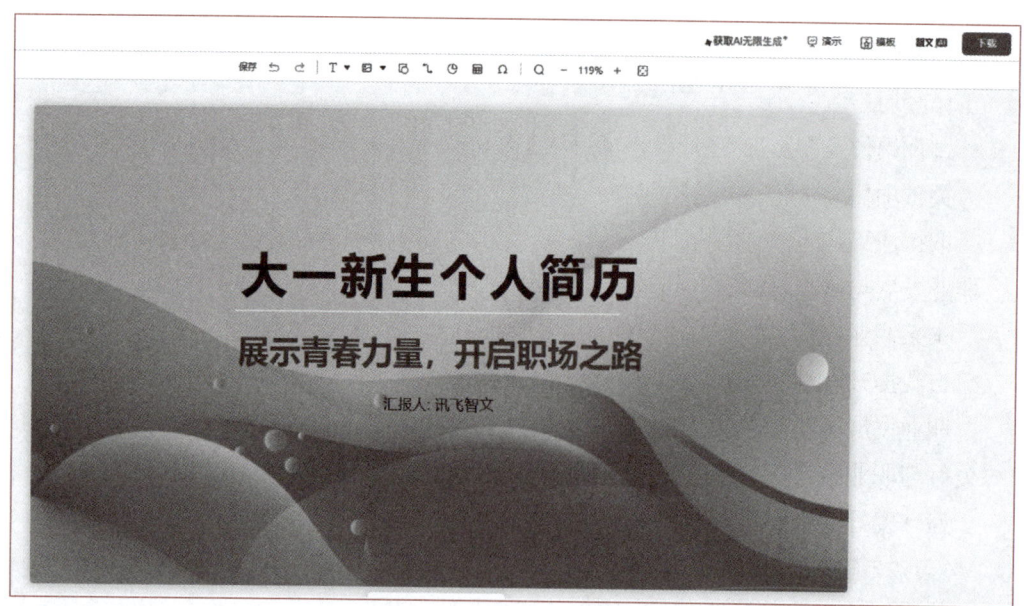

图8-6　下载演示文稿

下载后，小明得到的演示文稿结构完整，不仅包含了起始页、目录页、结束页，还包含个人信息、技能与证书、荣誉与奖励、校园经历、实习经历、自我评价共6个部分，且AI自动生成了相关图片，如图8-7所示。

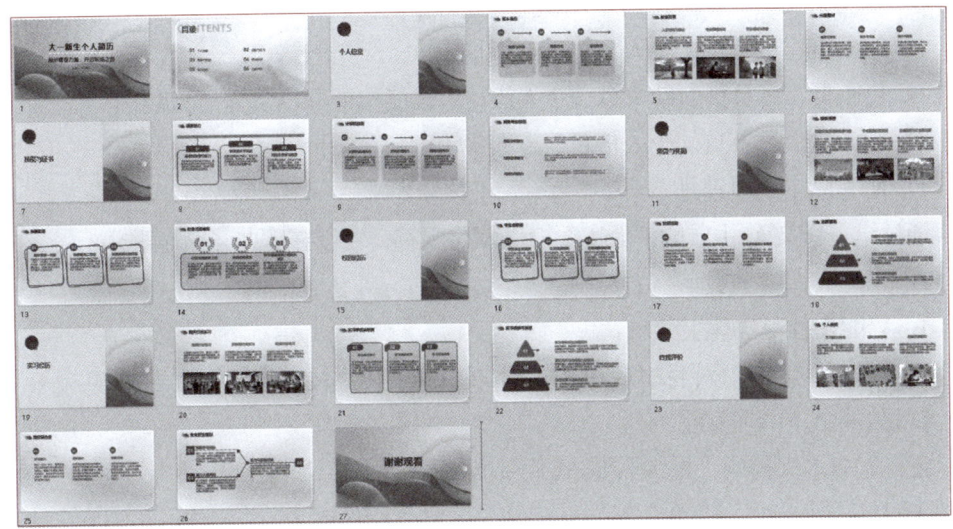

图 8-7　演示文稿

通过讯飞智文AI生成的"个人简介"演示文稿，再进行一定修改后，可以在各种需要进行自我介绍的场景下展示，或者上传到社交媒体平台，充分展示自己。也可以邀请其他同学分享他们制作的"个人简介"演示文稿，进行交流和讨论。

8.5　项目拓展

在掌握了基本操作后，同学们可以进行更多的尝试，制作其他主题。如将自己的学习笔记一键生成演示文稿，也可制作用于主题班会活动等，以将所学知识应用到实际生活中。

8.6　项目小结

本项目帮助小明制作一个关于个人简介的演示文稿，通过大模型相关工具，从而快速、简易地制作演示文稿，享受人工智能带来的便利。

8.7　项目练习

一、选择题

1. 生成的演示文档是否需要修改？（　　）

  A. 需要   B. 不需要   C. 有时需要   D. 无所谓

2. 是否可以多次输入提示词，使结果更加精确？（ ）

  A. 可以   B. 不可以   C. 有时可以   D. 无所谓

3. 演示文稿中通常包含的基本部分为（ ）。

  A. 起始页、目录页、个人信息、结束页

  B. 起始页、目录页、结束页、个人信息、技能与证书、荣誉与奖励

  C. 起始页、目录页、个人信息、校园经历、自我评价

  D. 所有以上选项都是

4. 通过讯飞智文AI生成的"个人简介"演示文稿，可以在哪些场景下展示？（ ）

  A. 只能在课堂上展示

  B. 只能在社交媒体上分享

  C. 在各种需要进行自我介绍的场景下展示或上传到社交媒体平台

  D. 只能私下给朋友看

5. 在得到演示文稿后，是否需要进行手动编辑优化？（ ）

  A. 是   B. 否   C. 不确定   D. 不需要

二、填空题

1. 在手动编辑优化演示文稿后，可以单击"_____"按钮来生成并下载最终的演示文稿。

2. 本项目中，使用了_____平台来一键生成演示文稿。

3. _____是演示文稿的基本构成单位。

三、操作题

请同学们根据自己的专业特色、学习要求等，生成一个专属自己的个人成长演示文稿。

项目 9　撰写旅游攻略

9.1　项目描述

小明是一名大一的新生,最近他想在周末假期,用1~2天的时间在长沙进行一次红色文化主题的旅游。

然而,在操作过程中,小明也遇到了一些问题:如何选择合适的人工智能工具生成红色主题旅游路线?生成旅游攻略时,哪些参数设置最为关键?面对这些问题,小明开始对人工智能工具的使用充满疑惑。他迫切希望通过学习和操作,掌握生成旅游攻略的技巧,制作出令人满意的旅游路线。

9.2　项目分析

撰写红色文化主题的旅游攻略项目涉及对旅游市场趋势的深入理解与分析,识别目标受众的具体需求,以及对目的地的全面研究。考虑因素包括游客的预算、旅行时长、交通方式和偏好,同时需确保攻略内容的时效性、准确性和独特性。项目成功实施可为旅游者提供价值信息,优化旅行体验。

本项目生成一个红色文化主题的旅游攻略,主要使用的工具是讯飞星火大模型。

9.3　相关知识

通过讯飞星火通用对话功能,或搜索特定智能体,用户可以向讯飞星火咨询生活中、工作中、学习中遇到的各种难题。在手机App端,用户还能开启语音通话,与讯飞星火进行类似真人的亲密互动。无论用户向星火发送的文字还是语音,无论是简短的一句话还是一个具体的问题,在大模型的世界里,它们都有一个共同的称呼——提示词(prompt)。

微课 9-1:如何写好提示词

9.3.1　什么是提示词?

提示词是开启大模型功能的关键,它能帮助用户精准地向AI传达需求,从而获得高质量的输出。无论是撰写文章、生成图片、编写代码，还是制作视频，提示词都能引导 AI 生成符合用户期望的结果。越能清晰表达需求，越能得到满意的回答。

提示词的设计目的是高效、准确地向 AI 模型传达用户的意图，使其能够生成相应的文本、图像或其他形式的回应。清晰的提示词不仅能帮助用户快速获得满意的结果，还能提升整体的交互体验。富有创意的提示词可以激发 AI 的创新思维，生成更有趣的内容。明确的指令和问题解决型的提示词则能帮助用户完成具体任务或解决特定问题。通过调整提示词的风格和格式，可以让 AI 以不同的方式表达，满足不同场景的需求。

9.3.2　如何写好提示词

写好提示词是一门学问，对于新手来说，以下技巧非常实用。

1. 明确目标

在写提示词之前，先明确想要人工智能模型做什么，希望得到什么样的结果。只有目标明确，才能设计出有效的提示词。

2. 简洁明了

提示词应尽量简洁，避免冗长和复杂的句子，这样可以提高人工智能模型的识别效率，减少误解。

3. 避免偏见

写提示词时，要保持客观和中立，避免个人偏见，这样人工智能模型才能生成准确的结果。

4. 设定角色与任务

采用"设定角色 + 具体任务 + 输出描述"的结构，以便让人工智能清楚用户的需求。

5. 提供示例或案例

提供一个示例或案例，帮助人工智能更好地理解需求，减少因表达不清导致的误解。

6. 迭代与优化

不断测试和调整提示词，找到最佳的组合，提高人工智能模型的性能和输出质量。

7. 考虑语境和上下文

提交提示词时，考虑语境和上下文，帮助机器更好地理解你的意图。

总之，写好提示词需要明确目标、简洁表达、避免偏见、设定角色与任务、提供示例、不断优化、考虑语境和确定回答形式。可以用"交代角色 + 目标任务 + 操作要求 + 输出效果"的公式来撰写提示词。通过实践和学习，用户会逐渐掌握写好提示词的技巧。

9.4　项目实施

微课 9-2：
项目实施

本项目要求根据个人需求，量身定制一份详尽的红色文化主题的旅游攻略，深入探索和学习中国革命历史，特别是与本地相关的红色文化。通过深入地目的地分析、市场需求调研和内容策划，整合景点介绍、美食推荐以及交通指南，打造既实用又有趣的旅游规划手册，提升旅游者的出行体验。

步骤1：访问讯飞星火大模型主页

访问讯飞星火大模型主页，单击"功能定义"，选择"旅游攻略"类型，如图9-1所示。

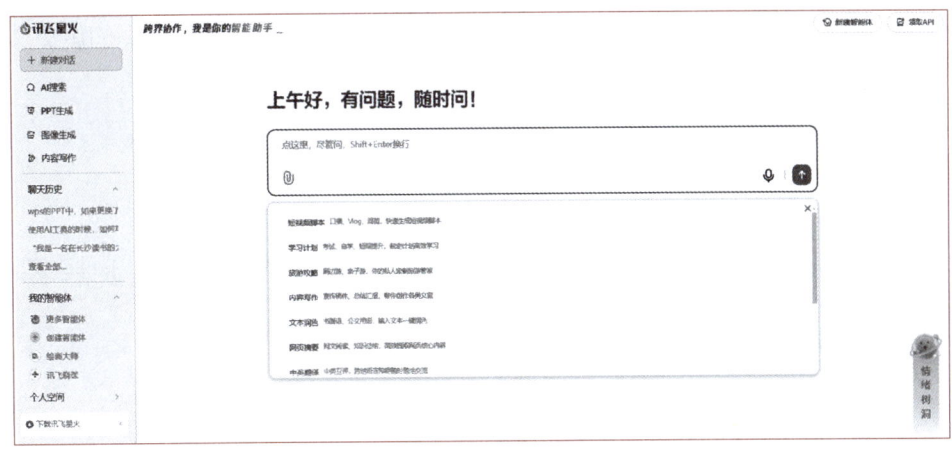

图9-1　功能定义——旅游攻略

步骤2：根据个人需求进行设置

单击"旅游攻略"，打开一个对话框，根据个人实际情况，选择"行程"为"文化之旅"，"周期"为"1~3天"，"预算"为"1 000以下"，"偏好"为"人文"，然后在文本框中输入个人的需求"我是一名在长沙读书的大学生，请帮我制定一份旅游攻略，周六的时候方便我在长沙进行一个短期的旅游。"完成后单击"发送"按钮，如图9-2所示。

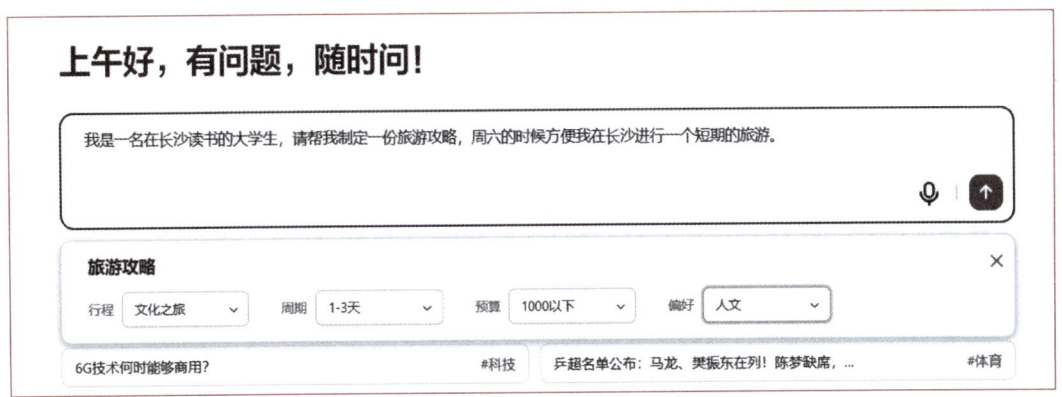

图9-2　输入个人需求

一段时间后，生成内容如文所示。

长沙是一座历史悠久、文化丰富的城市，有很多适合人文旅游的地方。以下是一个为期1~3天的长沙文化之旅的旅游攻略，考虑你的预算限制，我会尽量推荐免费或者门票价格较低的景点。

第一天：历史文化探索

上午：岳麓山风景区

- 地址：长沙市岳麓区登高路58号
- 交通：乘坐地铁2号线至岳麓山站下车，步行即可到达。
- 活动：参观岳麓书院（门票约30元），了解中国古代四大书院之一的历史文化。游览爱晚亭，欣赏岳麓山的自然风光。

下午：湖南省博物馆

- 地址：长沙市开福区湘雅路50号
- 交通：从岳麓山乘坐公交车或打车前往。
- 活动：免费参观湖南省博物馆，了解湖南的历史和文化，特别是马王堆汉墓出土文物。

晚上：橘子洲头

- 地址：长沙市岳麓区橘子洲头
- 交通：乘坐地铁2号线至橘子洲站下车。
- 活动：免费游览橘子洲头，观赏毛泽东青年艺术雕塑，晚上可以欣赏音乐喷泉。

第二天：城市文化体验

上午：天心阁

- 地址：长沙市天心区天心路17号
- 交通：乘坐公交车或打车前往。
- 活动：参观天心阁（门票约32元），了解长沙的古城历史和建筑风格。

下午：太平街、坡子街

- 地址：长沙市天心区
- 交通：从天心阁步行即可到达。
- 活动：逛太平街和坡子街，感受长沙的老街文化，品尝当地小吃，如臭豆腐、糖油粑粑等。

晚上：杜甫江阁

- 地址：长沙市天心区湘江中路二段108号
- 交通：从坡子街步行或乘坐公交车前往。
- 活动：免费参观杜甫江阁，了解唐代诗人杜甫与长沙的关系，晚上可以在湘江边散步。

第三天：现代文化融合

上午：梅溪湖国际文化艺术中心

- 地址：长沙市岳麓区梅溪湖路与环湖路交会处
- 交通：乘坐地铁2号线至梅溪湖东站下车，步行或乘坐公交前往。

- 活动：免费参观梅溪湖国际文化艺术中心的外观，欣赏扎哈·哈迪德设计的现代建筑风格。

下午：李自健美术馆
- 地址：长沙市岳麓区潇湘南路一段385号
- 交通：从梅溪湖乘坐公交车或打车前往。
- 活动：免费参观李自健美术馆，欣赏当代艺术作品。

晚上：IFS国金中心
- 地址：长沙市芙蓉区五一大道889号
- 交通：乘坐地铁2号线至五一广场站下车。
- 活动：逛逛IFS国金中心，体验长沙的现代商业氛围，可以选择在这里用餐。

预算提示：
- 住宿：选择经济型酒店或青旅，预计100~200元/晚。
- 餐饮：尝试当地小吃，每餐预计20~50元。
- 交通：使用公共交通工具，预计50~100元。
- 门票：部分景点需要购票，预计100元左右。

总体来说，这个行程的总预算应该可以控制在1 000元以内，具体费用还需要根据实际情况和个人消费习惯进行调整。希望你在长沙有一个愉快的文化之旅！

步骤3：添加提示词

结合个人实际需求，在输入框中添加提示词，例如添加爱晚亭、烈士公园、橘子洲头等相关目的地的提示词，操作如下文所示：

单击"旅游攻略"，打开一个对话框，根据个人实际情况，选择"行程"为"文化之旅"，"周期"为"1~3天"，"预算"为"1 000以下"，"偏好"为"人文"，然后在文本框中输入个人的需求"我是一名在长沙读书的大学生，准备去爱晚亭、烈士公园、橘子洲头旅游，请帮我制定一份旅游攻略，周末的时候方便我在长沙进行一个短期的红色文化之旅。"完成后单击"发送"按钮，如图9-3所示。

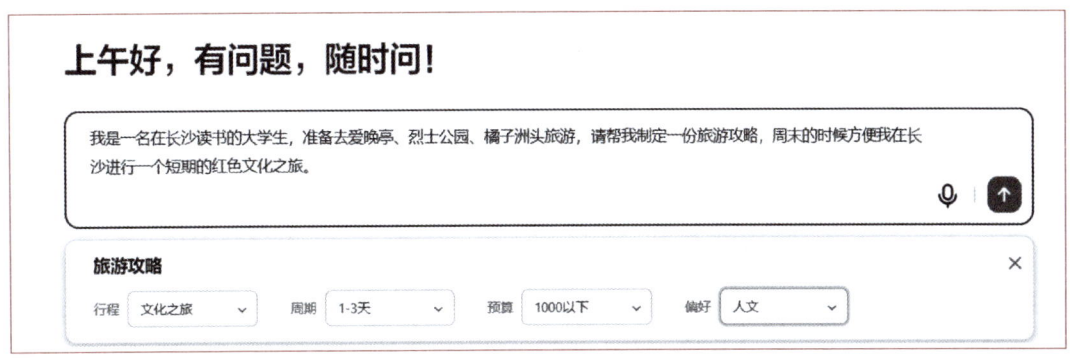

图9-3 添加提示词

步骤4：生成旅游攻略

一段时间后，一份红色文化旅游攻略生成，生成内容如下文所示：

根据您的要求，以下是为您制定的长沙红色文化之旅攻略，时间为1~3天，预算1 000元以下，重点体验人文旅游。

第一天：烈士公园 – 爱晚亭

上午：烈士公园

- 交通：乘坐地铁2号线至烈士公园站下车，出站后步行即可到达烈士公园。
- 活动：参观烈士公园内的湖南烈士纪念塔，了解湖南革命历史。公园内还有美丽的湖泊和绿地，适合散步休闲。
- 午餐：在烈士公园附近的小吃街品尝当地特色小吃，如臭豆腐、糖油粑粑等。

下午：爱晚亭

- 交通：从烈士公园出发，乘坐公交或打车前往岳麓山风景区。
- 活动：游览岳麓山，参观爱晚亭，这里是中国四大名亭之一，有着丰富的文化内涵和历史价值。在此可以感受古代文人的雅致和对自然的赞美。
- 晚餐：在岳麓山下的餐馆享用晚餐，尝试湖南菜，如口味虾、辣子鸡等。

第二天：橘子洲头

全天：橘子洲头

- 交通：乘坐地铁2号线至橘子洲头站下车，出站后步行即可到达橘子洲头。
- 活动：游览橘子洲头，这里是毛泽东青年时期游历的地方，也是《沁园春·长沙》的创作背景地。可以参观毛泽东青年艺术雕塑，了解伟人的青春岁月。此外，橘子洲头风景优美，是拍照的好地方。
- 午餐：在橘子洲头的餐馆享用午餐，继续品尝湖南特色菜肴。
- 下午：继续在橘子洲头游览，或者选择在江边散步，享受宁静的午后时光。
- 晚餐：返回市区，在五一广场附近的美食街品尝更多湖南小吃。

第三天：自由活动或周边游

可选活动：

- 湖南省博物馆：了解湖南的历史和文化，免费开放（需提前预约）。
- 太平街：体验长沙的老街文化，品尝地道小吃。
- 火宫殿：尝试正宗的湘菜，如剁椒鱼头、毛氏红烧肉等。
- 天心阁：参观这座古老的建筑，了解长沙的历史变迁。

预算规划：

- 住宿：选择经济型酒店或青年旅社，预计每晚100~200元。
- 餐饮：每天预计100~150元，取决于您选择的餐厅和食物。
- 交通：公共交通费用较低，预计每天不超过50元。

- 门票：大部分景点免费或票价不高，预计总价不超过100元。

总体来说，这个行程结合了红色文化和人文历史，同时考虑到了您的预算限制。希望您在长沙的短期旅行中能够有所收获，体验到这座城市的魅力。

9.5 项目拓展

拓展案例：撰写旅游攻略（湖湘文化主题）

本项目要求根据个人需求，撰写一份湖湘文化主题旅游攻略，深入探索湖南的湖湘文化，从历史、艺术、美食、民俗等多个角度出发，设计一条具有教育意义和文化深度的旅游路线。通过深入的目的地分析、市场需求调研和内容策划，整合景点介绍、美食推荐以及交通指南，打造既实用又有趣的旅游规划手册。

步骤1：访问讯飞星火大模型主页

访问讯飞星火大模型主页，单击"功能定义"，选择"旅游攻略"类型。

步骤2：根据个人需求进行设置

单击"旅游攻略"，打开一个对话框，根据个人实际情况，选择"行程"为"周边游"，"周期"为"1~3天"，"预算"为"1 000以下"，"偏好"为"研学"，然后在文本框中输入个人的需求"我是一名在长沙读书的大学生，准备去岳麓书院、贾谊故居、天心阁旅游，请帮我制定一份旅游攻略，周末的时候方便我在长沙进行一个短期的湖湘文化之旅。"完成后单击"发送"按钮，如图9-4所示。

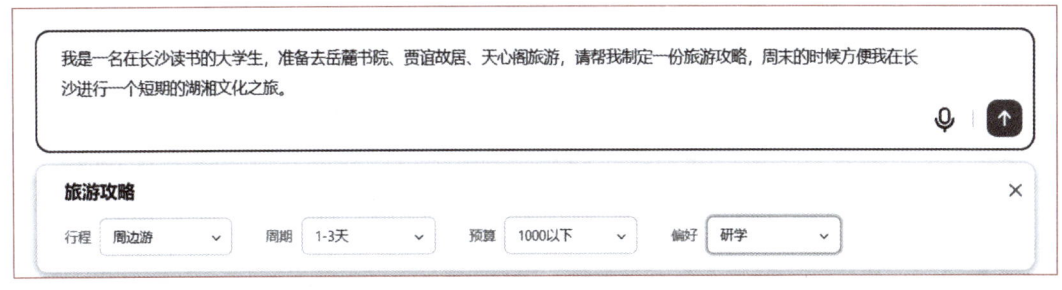

图9-4 输入个人需求

步骤3：一段时间后，一份长沙湖湘文化旅游攻略生成，内容如下文所示。

好的，以下是为您制定的长沙周末湖湘文化之旅攻略，时间为1~3天，预算1 000元以下，重点体验人文旅游。

第一天：岳麓书院 – 贾谊故居

上午：岳麓书院

- 交通：乘坐地铁2号线至湖南大学站下车，出站后步行即可到达岳麓书院。
- 活动：参观岳麓书院，了解其作为中国古代四大书院之一的历史和文化背景。这里不仅有悠久的教育传统，还有丰富的历史文物和建筑。
- 午餐：在湖南大学附近的餐馆享用午餐，品尝湖南菜，如剁椒鱼头、毛氏红烧肉等。

下午：贾谊故居

- 交通：从岳麓书院出发，乘坐公交或打车前往贾谊故居。
- 活动：参观贾谊故居，了解这位西汉著名政治家、文学家的生平事迹。贾谊故居保存了许多与贾谊相关的历史文物和文献资料。
- 晚餐：在贾谊故居附近的餐馆享用晚餐，品尝更多湖南特色菜肴。

第二天：天心阁

全天：天心阁

- 交通：乘坐地铁1号线至南门口站下车，出站后步行即可到达天心阁。
- 活动：游览天心阁，这是一座具有重要历史意义的古建筑群，也是长沙的标志性景点之一。在这里可以欣赏到古老的建筑风格，并了解其背后的历史故事。此外，天心阁周边还有许多其他的历史文化景点值得一游。
- 午餐：在天心阁附近的餐馆享用午餐，继续品尝湖南特色菜肴。
- 下午：继续在天心阁及其周边区域游览，或者选择在附近的书店或咖啡馆度过一个悠闲的下午时光。
- 晚餐：返回市区，在五一广场附近的美食街品尝更多湖南小吃。

第三天：自由活动或周边游

可选活动：

- 湖南省博物馆：了解湖南的历史和文化，免费开放（需提前预约）。
- 太平街：体验长沙的老街文化，品尝地道小吃。
- 火宫殿：品尝正宗的湘菜，如剁椒鱼头、毛氏红烧肉等。
- 橘子洲头：如果时间允许，可以去橘子洲头散步，享受宁静的自然环境。

预算规划：

- 住宿：选择经济型酒店或青年旅社，预计每晚100~200元。
- 餐饮：每天预计100~150元，取决于您选择的餐厅和食物。
- 交通：公共交通费用较低，预计每天不超过50元。
- 门票：大部分景点免费或票价不高，预计总价不超过100元。

总体来说，这个行程结合了湖湘文化和人文历史，同时考虑了您的预算限制。希望您在长沙的短期旅行中能够有所收获，体验到这座城市的魅力。

9.6　项目小结

本项目助力学生制定一个关于红色文化旅游攻略的计划，通过专业术语的解释、目的地设定、预算、交通工具、内容安排等方面，使旅游计划达到预期的效果。

9.7　项目练习

一、选择题

1. 撰写红色文化主题的旅游攻略项目需要考虑以下（　　）因素。
   A. 游客的预算　　　　　　　　　B. 旅行时长
   C. 交通方式和偏好　　　　　　　D. 所有以上选项
2. 在生成旅游攻略时，以下（　　）参数设置较为关键。
   A. 行程　　　　B. 周期　　　　C. 预算　　　　D. 所有以上选项
3. 提示词是使用大模型的神奇秘钥，通过精心设计输入，可以巧妙地引导AI模型产生特定的、期望的输出结果，提高输出内容的准确性和相关性。以下不属于提示词设计技巧的是（　　）。
   A. 明确目标　　B. 简洁明了　　C. 避免偏见　　D. 复杂冗长
4. 在使用讯飞星火大模型生成旅游攻略时，（　　）可以提高AI模型的性能和输出质量。
   A. 增加更多的输入数据　　　　　B. 持续迭代与优化提示词
   C. 更改AI模型的代码　　　　　　D. 使用更多的图片和视频
5. 提示词设计中，（　　）结构能帮助人工智能更好地理解用户需求。
   A. 设定角色+具体任务+输出描述　B. 目标+步骤+结果
   C. 问题+答案　　　　　　　　　D. 输入+过程+输出

二、填空题

1. 在撰写提示词时，首先要明确你的_____是什么，希望AI模型输出什么样的结果。
2. 提示词应尽量_____，避免使用冗长、复杂的句子。
3. 撰写红色文化主题的旅游攻略项目需要考虑游客的预算、旅行时长、交通方式和_____。

三、操作题

根据对提示词的理解，请设计一条提示词，要求讯飞星火大模型生成一篇关于湖南红色文化景点的介绍文章。

项目 10　创作短视频剧本

10.1　项目描述

小明是一名大一的新生,最近他想利用休息时间,创作一个湖湘精神寻根之旅的短视频剧本。

然而,在操作过程中,小明也遇到了一些问题:如何选择合适的人工智能工具生成湖湘精神寻根之旅的短视频剧本?生成短视频剧本时,哪些参数设置最为关键?面对这些问题,小明开始对人工智能工具辅助短视频剧本创作充满疑惑。他迫切希望通过学习和操作,掌握生成短视频剧本的技巧,制作出令人满意的短视频剧本。

10.2　项目分析

撰写湖湘精神寻根之旅的短视频剧本时,需要考虑多个关键要素。首先,要明确剧本的主题和目标受众,确保内容能够吸引并引起观众的共鸣。其次,要注意剧本的结构,包括开场、发展、高潮和结尾等部分,确保故事情节连贯、紧凑。同时,要注重人物塑造,通过对话、动作和表情等方式展现角色的性格特点和情感变化。此外,还要考虑场景设置、镜头运用和音效配乐等元素,以增强视觉效果和听觉体验。最后,要确保剧本内容积极向上、符合社会主流价值观,传递正能量。综合考虑这些要素,才能创作出一部优秀的短视频剧本。

本项目将生成一份湖湘红色文化传承主题的短视频剧本,主要使用的工具是讯飞星火大模型。

10.3　相关知识

10.3.1　湖湘文化背景知识

了解湖湘文化的历史、特点、代表人物和事件是必要的。包括但不限于湖湘文化的起源、发展,以及湖湘地区的历史名人、重要历史事件、文化传承等。

10.3.2 短视频剧本编写技巧

在使用人工智能工具进行辅助短视频剧本创作时,需掌握剧本编写的知识。

① 理解剧本的基本结构,如设置引人入胜的开头、发展、高潮和结局,以及如何在其中构建悬念和冲突。

② 学会塑造个性鲜明的角色和编写自然生动的对话,以增强故事的表现力和观众共鸣。

③ 学会通过文字描述来控制场景、动作和表情,形成清晰的视觉画面。

④ 掌握剧本节奏的控制,包括场景切换、对话长度和情节发展的速度,以保持观众的兴趣和紧张感。

⑤ 明确剧本要传达的主题,巧妙地将其融入故事之中。这些知识的综合运用,将有助于利用人工智能工具高效地辅助创作出既有深度又吸引人的短视频剧本。

微课 10-1:短视频剧本编写技巧

10.4 项目实施

本项目使用人工智能工具辅助创作一份湖湘红色文化传承的短视频剧本,通过生动形象的画面和深入人心的故事,向观众展示湖湘地区丰富的红色文化资源和深厚的历史底蕴。剧本以伟人诗词为指引,从当代青年的视角出发,沿着伟人的足迹,用双脚丈量湖湘红色文化的发展脉络,让观众感受到革命先烈们的英勇事迹和崇高精神,激发他们对红色文化的热爱和传承意识。同时,通过设置两条时间线,分别描绘不同时代的青年人在湖湘大地上做出的拼搏与努力,展现湖湘红色文化的传承与发展,引导观众思考如何将红色文化融入现代生活,为实现中华民族伟大复兴贡献自己的力量。

微课 10-2:项目实施

步骤1:访问讯飞星火大模型主页

访问讯飞星火大模型主页,单击"开始对话"。

步骤2:根据个人需求进行设置

单击"短视频脚本"对话框,根据个人实际需求情况,选择"短视频类型"为"情景剧"、"风格"为"叙事纪实",然后在文本框中输入个人的需求"帮我创作一份湖湘精神寻根之旅主题的短视频剧本。"完成后单击"发送"按钮,如图10-1所示。

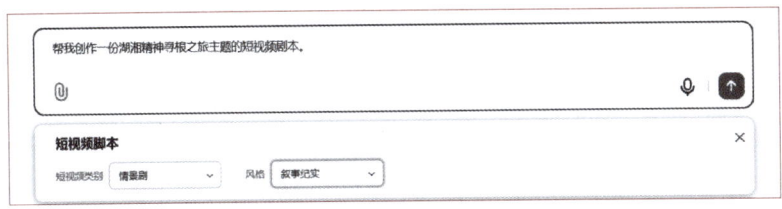

图 10-1 输入个人需求

一段时间后,一份湖湘精神寻根之旅主题的短视频剧本生成,内容如下所示。

好的,以下是一份湖湘精神寻根之旅主题的短视频剧本:
剧名:湖湘精神寻根之旅
场景一:岳麓书院
【镜头描述】
开场镜头:航拍长沙市全景,逐渐拉近到岳麓山下的岳麓书院。
镜头切换:慢动作推进,穿过古老的石牌坊,进入书院大门。
镜头切换:特写镜头,拍摄书院内的古树、碑刻和学子们认真学习的场景。
【配音文字】
"在这片古老的土地上,岳麓书院见证了湖湘文化的千年传承。这里不仅是知识的殿堂,更是湖湘精神的发源地。"
场景二:贾谊故居
【镜头描述】
镜头切换:步行跟随镜头,从岳麓书院出发,沿着石板路走向贾谊故居。
镜头切换:慢动作推门而入,展现贾谊故居内部的陈设和文物。
镜头切换:特写镜头,聚焦于贾谊的画像和他的著作。
【配音文字】
"贾谊,西汉时期的政治家、文学家,他的思想和作品深刻影响了湖湘文化的发展。"
场景三:天心阁
【镜头描述】
镜头切换:航拍长沙市区,逐渐拉近到天心阁。
镜头切换:慢动作推进,穿过天心阁的大门,展现其宏伟的建筑风格。
镜头切换:特写镜头,聚焦于天心阁内的历史文物和游客们参观的情景。
【配音文字】
"天心阁,这座具有重要历史意义的古建筑群,见证了长沙乃至整个湖南省的历史变迁。"
场景四:总结
【镜头描述】
镜头切换:回到航拍视角,俯瞰整个长沙市区和周边的自然风光。
镜头切换:快速剪辑,回顾之前的三个场景,每个场景停留几秒。
镜头切换:最后定格在天心阁的夜景上,灯光璀璨。
【配音文字】
"湖湘精神,源远流长。它不仅是湖南人民的精神支柱,也是中华民族宝贵的文化遗产。让我们一起踏上这场寻根之旅,感受那份深沉而持久的力量。"

步骤3：添加提示词

结合个人实际需求，在文本框中添加提示词，例如添加伟人诗词、当代青年的视角、两条时间线等相关的提示词，操作如下文所示：

单击"短视频脚本"对话框，根据个人实际需求情况，选择"短视频类型"为"情景剧"，"风格"为"叙事纪实"，然后在文本框中输入"以伟人诗词为指引，以当代青年的视角出发，沿着伟人的足迹，用双脚丈量湖湘红色文化的发展脉络。根据上述文字描述，帮我写一份湖湘精神寻根之旅主题的短视频剧本。"完成后单击"发送"按钮，如图10-2所示。

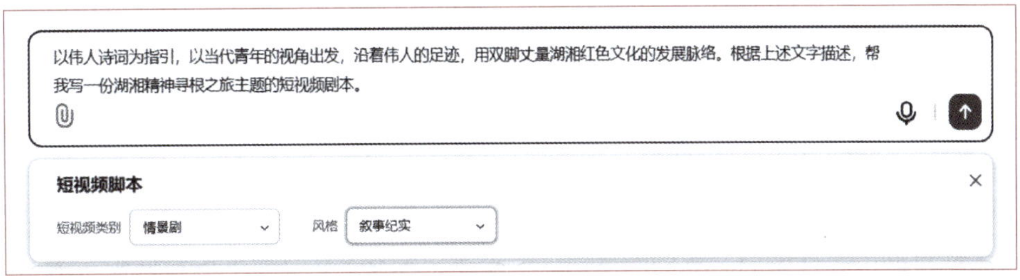

图 10-2　添加提示词

一段时间后，一份新的湖湘精神寻根之旅主题的短视频剧本生成，内容如下所示。

湖湘精神寻根之旅短视频剧本

开场

镜头缓缓从空中俯瞰，逐渐拉近至湖南的大地。随着激昂的音乐声，画面中出现字幕："以伟人诗词为指引，以当代青年的视角出发，沿着伟人的足迹，用双脚丈量湖湘红色文化的发展脉络。"

场景一：岳麓书院

【镜头描述】

航拍长沙市景，转至岳麓山下的岳麓书院。

慢动作推进，穿过石牌坊，进入书院大门。

特写镜头：古树、碑刻，学子们认真研读。

【配音文字】

"岳麓书院，千年学府，孕育了无数英才。这里，是湖湘文化的摇篮。"

场景二：贾谊故居

【镜头描述】

跟随镜头步行至贾谊故居，沿途展示湖南的自然风光与人文景观。

推门而入，展现故居内部的陈设与文物。

特写贾谊画像及著作，配以深情音乐。

【配音文字】

"贾谊，西汉名臣，他的智慧与担当，成为湖湘精神的重要象征。"

场景三：天心阁

【镜头描述】

航拍长沙市区，转至天心阁。

慢动作推进，穿过大门，展现宏伟建筑风格。

特写镜头：历史文物与游客参观情景。

【配音文字】

"天心阁，承载着长沙乃至湖南的历史记忆。它见证了这片土地的沧桑巨变。"

场景四：总结

【镜头描述】

回到航拍视角，俯瞰长沙与周边风光。

快速剪辑回顾三个场景，每个停留几秒。

定格在天心阁夜景，灯光璀璨。

【配音文字】

"湖湘精神，源远流长。我们沿着伟人的足迹，探寻红色文化的深厚底蕴。愿这份精神永放光芒，照亮我们前行的道路。"

结尾

画面渐隐，出现字幕："铭记历史，砥砺前行。湖湘精神，代代相传。"背景音乐渐弱，视频结束。

步骤4：生成短视频剧本

结合个人实际需求，在文本框中继续添加提示词，例如设置两条时间线、划分出当年革命先烈和当代青年学子两条线索等相关的提示词，操作如下所示。

单击"短视频脚本"对话框，根据个人实际需求情况，选择"短视频类型"为"情景剧"，"风格"为"叙事纪实"，然后在文本框中输入"以伟人诗词为指引，以当代青年的视角出发，沿着伟人的足迹，用双脚丈量湖湘红色文化的发展脉络。设置两条时间线，以诗词中的物理位置为轴，划分出当年革命先烈和当代青年学子两条线索，分别描绘不同时代的青年人在湖湘大地上做出的拼搏与努力，并着重突出湖湘红色文化的传承。根据上述文字描述，帮我写一份湖湘精神寻根之旅主题的短视频剧本。"完成后单击"发送"按钮，如图10-3所示。

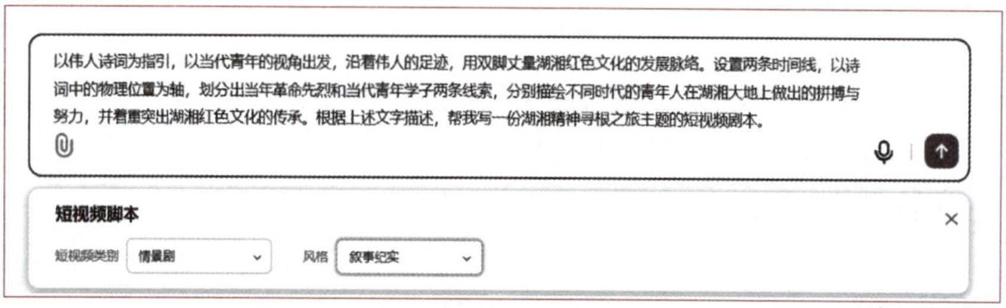

图10-3 丰富提示词

一段时间后,一份新的湖湘精神寻根之旅主题的短视频剧本生成,内容如文所示。

湖湘精神寻根之旅短视频剧本

开场

镜头缓缓从空中俯瞰湖南大地,随后逐渐拉近至长沙市景。随着悠扬的旋律,画面中出现字幕:"以伟人诗词为指引,以当代青年的视角出发,沿着伟人的足迹,用双脚丈量湖湘红色文化的发展脉络。"

场景一:岳麓书院

【镜头描述】

航拍长沙市景,转至岳麓山下的岳麓书院。

慢动作推进,穿过石牌坊,进入书院大门。

特写镜头:古树、碑刻,学子们认真研读。

【配音文字】

"岳麓书院,千年学府,孕育了无数英才。这里,是湖湘文化的摇篮。"

场景二:贾谊故居

【镜头描述】

跟随镜头步行至贾谊故居,沿途展示湖南的自然风光与人文景观。

推门而入,展现故居内部的陈设与文物。

特写贾谊画像及著作,配以深情音乐。

【配音文字】

"贾谊,西汉名臣,他的智慧与担当,成为湖湘精神的重要象征。"

场景三:天心阁

【镜头描述】

航拍长沙市区,转至天心阁。

慢动作推进,穿过大门,展现宏伟建筑风格。

特写镜头:历史文物与游客参观情景。

【配音文字】

"天心阁,承载着长沙乃至湖南的历史记忆。它见证了这片土地的沧桑巨变。"

场景四:时间线切换

【镜头描述】

画面突然转变为两个平行时空的视觉效果,一边是革命先烈在湖湘大地上英勇奋斗的场景,另一边则是当代青年学子在红色土地上努力学习、传承精神的画面。

【配音文字】

"两条线索,跨越时空。一边是革命先烈的英勇事迹,一边是当代青年的奋发图强。"

场景五：革命先烈线索
【镜头描述】
展示革命先烈们在岳麓书院、天心阁等地进行革命活动的场景，以及他们坚定的信念和无畏的精神。
【配音文字】
"当年，革命先烈们在这里留下了坚定的足迹。他们的信仰和勇气，铸就了湖湘精神的基石。"
场景六：当代青年线索
【镜头描述】
当代青年学子在岳麓书院、贾谊故居等地学习、交流，探讨如何传承和发扬湖湘精神。他们参与志愿服务、社会实践等活动，以实际行动践行湖湘精神。
【配音文字】
"当代青年，肩负着传承湖湘精神的使命。他们在这片热土上，用青春和汗水书写着属于新时代的华章。"
场景七：结尾
【镜头描述】
两条线索逐渐汇合，青年学子们在湖湘大地上共同前行，传承红色基因。
画面拉远，展现整个湖南的美丽风光和繁荣景象。
【配音文字】
"湖湘精神，代代相传。无论是过去还是现在，我们都在这条红色的道路上不断前行。让我们携手共进，为建设更加美好的湖南而努力奋斗！"
结尾画面
画面渐隐，出现字幕："铭记历史，砥砺前行。湖湘精神，永放光芒。"背景音乐渐弱，视频结束。

10.5　项目拓展

利用本项目所学习的知识和技能，请同学们创作家乡宣传短视频剧本、网络安全宣传短视频剧本等，让学生能够将所学知识灵活运用于实际生活中，实现知识的活学活用，进一步提升学生的实践能力和创新思维。

10.6　项目小结

本项目致力于创作一部展现湖湘红色文化传承的短视频剧本。通过精心设计的场景设置、巧妙运用的镜头语言以及恰到好处的音效配乐等元素，增强观众的视觉与听觉体验。同时，借助生动形象的画面和深入人心的故事叙述，向观众全方位展示湖湘地区丰富的红色文化资源和深厚的历史底蕴，让观众在欣赏中感受红色文化的魅力与力量。

10.7　项目练习

一、选择题

1. 在撰写短视频剧本时，以下（　　）是必须掌握的剧本编写技巧。
   A. 理解剧本的基本结构
   B. 学会塑造个性鲜明的角色
   C. 通过文字描述来控制场景、动作和表情
   D. 以上皆是

2. 在添加提示词以生成新的"湖湘精神寻根之旅"主题短视频剧本时，以下（　　）选项是正确的操作步骤。
   A. 单击"开始对话"按钮
   B. 输入个人需求："帮我创作一份关于湖湘精神寻根之旅的短视频剧本。"
   C. 完成后单击"发送"命令
   D. 以上皆是

3. 在使用讯飞星火大模型编写短视频脚本时，以下（　　）不是其功能。
   A. 提供创意灵感　　　　　　　　B. 自动生成完整脚本
   C. 优化脚本结构　　　　　　　　D. 拍摄视频素材

4. 在使用讯飞星火大模型编写短视频脚本时，以下（　　）步骤是必要的。
   A. 手动绘制分镜头　　　　　　　B. 上传视频素材
   C. 输入清晰的提示词　　　　　　D. 调整视频的分辨率

5. 讯飞星火大模型生成的短视频脚本，如果需要进一步优化，应该（　　）。
   A. 重新输入完全不同的提示词　　B. 对生成的脚本进行人工修改和调整
   C. 忽略优化，直接使用　　　　　D. 更换其他AI模型

二、填空题

1. 在创作"湖湘精神寻根之旅"的短视频剧本时，需要考虑多个关键要素，包括剧本的_____、人物塑造、场景设置等。

2. 在使用人工智能工具进行短视频剧本创作时，需要掌握剧本编写的知识，包括理解剧本的_____、如何在其中构建悬念和冲突等。

3. 讯飞星火大模型在编写短视频脚本时，可以通过输入_____来引导人工智能生成符合需求的内容。

三、操作题

根据所学知识，请使用讯飞星火大模型为一款新上市的运动饮料编写一条短视频广告脚本。要求突出产品的能量补充和解渴功能，时长控制在30 s以内，适合在社交媒体平台投放。

项目11　充当家庭日常生活维修师

11.1　项目描述

在当今社会，随着生活节奏的加快和科技的进步，人们面临着越来越多的生活挑战。小明是一名大学生，日常生活中会遇到许多常见的维修问题，拥有排查故障和解决简单维修问题的能力是非常重要的。这些技巧涵盖了日常生活的各个方面的维修和维护任务，包括修补漏水的水龙头、墙壁上的破洞、更换灯泡、修复家具、排查电器故障以及修复网络问题等。最近他发现家中卫生间天花板漏水，想找到原因并修复漏水问题。

然而，在操作过程中，小明也遇到了一些问题：日常生活中如何排查故障？如何进行简单的家庭维修？包括修补漏水的水龙头、墙壁上的破洞、更换灯泡、修复家具、排查电器故障以及修复网络问题等。如何使用人工智能工具帮助排查日常生活中所遇到的问题？日常维修时，哪些操作是需要特别注意的？面对这些问题，小明开始使用人工智能工具辅助排查并解决日常生活中所遇到的问题。他迫切希望通过学习和操作，掌握日常生活中排查问题和解决问题的技巧，提高生活中常见问题的解决能力，提升生活技能，从而增强独立生活的能力。

11.2　项目分析

本项目致力于通过实践教学环节，帮助学生掌握基本的维修知识，提高他们解决生活中常见问题的能力。根据学生的实际需求和兴趣点，设计针对性的课程。课程内容包括基本维修技能、维护任务指导和排错技巧等方面。设置丰富的实践教学环节，让学生在实践中学习和掌握维修技能。通过模拟真实场景、案例分析等方式，提高学生的实践操作能力和解决问题的能力。本项目主要使用的工具是讯飞星火大模型。

11.3　相关知识

微课11-1：
维修相关知识

① 基本电学知识。了解电路的原理，包括电流、电压、电阻等基本概念，以及如何安全地处理家庭电路问题，比如更换灯泡、修理开关和插座等。

② 常见故障识别。学习识别家庭常见电器和设施出现的故障，如空调不制冷、洗衣机不排水、水龙头漏水等，以及产生这些故障可能的原因。

③ 基本维修工具使用。掌握常用维修工具的正确使用方法，如螺钉旋具、扳手、电笔、胶带等，并了解如何使用这些工具来处理日常小故障。

11.4 项目实施

微课11-2：
项目实施

步骤1：访问讯飞星火大模型主页

访问讯飞星火大模型主页，单击"开始对话"。

步骤2：根据个人需求进行设置

单击文本框，根据个人实际情况，在文本框中输入个人的需求"卫生间的天花板在滴水，请帮我梳理一下可能出现的原因"，完成后单击"发送"按钮，如图11-1所示。

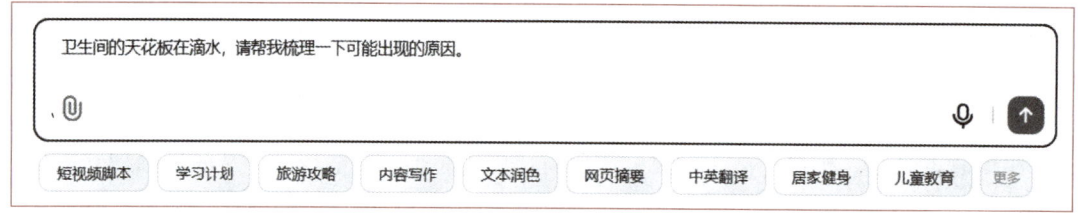

图11-1　输入个人需求

一段时间后，一份故障排查内容生成，内容如下所示。

卫生间天花板滴水是一个常见的家居问题，可能由多种原因引起。以下是一些可能导致卫生间天花板滴水的原因：

1. 水管漏水：卫生间上方的供水管或排水管可能存在裂缝、接头松动或腐蚀，导致水渗漏到天花板上。

2. 防水层损坏：如果卫生间的防水层没有做好或者随着时间老化损坏，水分可能会渗透到楼板中，然后滴落到下面的天花板。

3. 冷凝水：卫生间内湿度较高，如果通风不良，空气中的水蒸气可能在较冷的天花板表面凝结成水滴。

4. 楼上居民的卫生间漏水：如果住在多层建筑中，可能是上层邻居的卫生间水管漏水或防水层损坏，导致水渗透到你的天花板。

5. 排水系统堵塞：卫生间的排水系统如果堵塞，可能会导致水回流并渗漏到天花板。

6. 卫浴设备泄漏：如马桶、浴缸、淋浴头等卫浴设备的密封圈老化或损坏，也可能导致水渗漏到天花板。

7. 屋顶渗漏：如果卫生间位于建筑物的顶层，屋顶的渗漏也可能是导致天花板滴水的原因之一。

8. 结构裂缝：建筑物的结构裂缝也可能导致水渗透到天花板，尤其是在老旧建筑中更为常见。

为了确定具体原因，建议进行以下步骤：

- 检查卫生间内的水管和接头是否有明显漏水迹象。
- 观察天花板滴水的位置和模式，判断是否与楼上居民的活动有关。
- 检查卫生间的通风情况，确保有足够的空气流通。
- 如果怀疑是楼上居民的问题，可以与他们沟通并请求协助检查。
- 如果无法自行确定原因，最好联系专业的管道工或维修人员进行检查和维修。

及时解决天花板滴水问题很重要，因为长期的水分渗透可能会导致结构损害、霉菌生长和室内空气质量问题。

步骤3：添加提示词

单击文本框，根据上述情况一一排查，找到原因后，在文本框中输入"检查了一遍，是上层漏水"的提示词，完成后单击"发送"按钮，如图11-2所示。

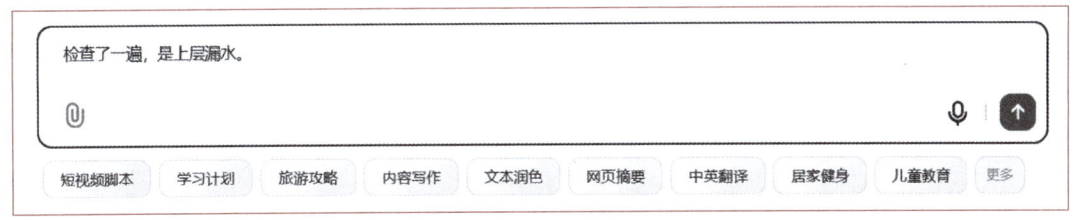

图 11-2　添加提示词

步骤4：生成一份解决方案

一段时间后结果生成，一份解决漏水问题的内容生成，内容如下文所示。

如果已经确定是上层漏水导致的卫生间天花板滴水，那么解决这个问题通常需要与楼上的邻居或物业管理合作。以下是一些可以采取的步骤：

1. 沟通：首先，与楼上的居民或物业管理进行沟通，告知他们你的发现，并请求他们检查自家的水管系统。

2. 定位泄漏源：楼上的居民或物业需要检查他们的卫生间、厨房、浴室或其他可能的水源，以确定泄漏的具体位置。

3. 专业检修：如果泄漏源不容易找到或者需要专业的维修，建议请专业的管道工或维修人员进行检查和修复。

4. 防水措施：在修复泄漏之后，可能需要对受影响的区域进行防水处理，以防止未来再次发生类似问题。

5. 记录损害：如果漏水导致了你的财产损失（如天花板损坏、墙面受潮等），应该拍照记录损害情况，并与楼上居民或物业协商赔偿事宜。

6. 跟进维修进度：确保楼上的居民或物业采取了适当的措施来解决问题，并跟进维修进度，直到问题完全解决。

7. 法律途径：如果楼上的居民或物业不配合，你可以考虑通过法律途径解决问题，比如联系社区管理机构或者寻求法律援助。

在整个过程中，保持冷静和礼貌的沟通态度是非常重要的，因为这有助于促进问题的快速解决。同时，了解相关的住房法规和租户权益也是有帮助的，这样你可以更清楚地知道自己的权利和责任。

11.5　项目拓展

利用本项目的知识和技能，发起家庭维修挑战，鼓励学生分享维修成果；利用本项目的知识和技能，发布不同问题的家庭维修指南，让学生在家中也能体验家庭日常维护，将所学知识应用到实际生活中。

11.6　项目小结

本项目为学生在生活中常见的维修问题提供指导和排错技巧。这些技巧覆盖了日常生活的各个方面的维修和维护任务。例如，修补漏水的水龙头、墙壁上的破洞、更换灯泡、修复家具、排查电器故障和修复网络故障等，提升学生的生活技巧，增强生活技能。

11.7　项目练习

一、选择题

1. 在使用讯飞星火大模型时，需要单击（　　）按钮来开始对话。

　　A. "开始对话"　　B. "发送"　　C. "结束对话"　　D. "重置"

2. 讯飞星火大模型提供的家庭维修建议中，以下（　　）不属于其优势。

　　A. 快速获取维修信息　　　　　　B. 提供专业的维修指导

　　C. 实时监控家庭设备状态　　　　D. 帮助用户节省维修成本

3. 讯飞星火大模型给出的维修建议中，通常不包括以下（　　）内容。
   A. 故障诊断结果　　　　　　　　B. 维修所需工具
   C. 维修过程中的注意事项　　　　D. 维修人员上门服务费用
4. 讯飞星火大模型在解决日常生活中遇到的问题时，主要依据（　　）来提供解决方案。
   A. 用户的语音指令　　　　　　　B. 用户输入的问题描述
   C. 随机生成的创意　　　　　　　D. 网络上的热门话题
5. 如果想让讯飞星火大模型提供的解决方案更具针对性，应该（　　）。
   A. 减少问题描述的字数　　　　　B. 使用模糊不清的问题描述
   C. 提供详细的问题背景和具体要求　D. 完全依赖人工智能的创意

二、填空题

1. 在教育领域，讯飞星火通过_____技术，为学生提供个性化的学习路径规划。
2. 讯飞星火大模型提供的家庭维修建议中，若用户在维修过程中遇到困难，可以再次输入具体的_____，以获得更详细的指导和帮助。
3. 讯飞星火通过_____技术，实现了对图像中物体、人脸等信息的快速识别与分析。

三、操作题

根据所学知识，简述讯飞星火大模型在家庭维修中的应用流程。

项目12 提取文档摘要

12.1 项目描述

小明浏览新闻时无意间看到一则消息:"省政府办公厅印发《湖南省大力支持大学生创业若干政策措施》"。作为一名在校大学生,小明很感兴趣,他马上仔细地浏览了新闻,但觉得自己对这份文件的理解还不够深入。小明想是否能像"个人简介"演示文稿一样,通过现代科技手段帮助自己更深入地读懂文件?

12.2 项目分析

本项目将使用人工智能工具,对文档进行快速的全文摘要,用以帮助用户加深对该文档的理解。本项目主要使用的工具是"文心一言"。熟练掌握"文心一言",可帮助大家提高学习效率、降低学习难度,且操作简单,适合初学者使用。

12.3 相关知识

12.3.1 "文心一言"简介

文心一言基于百度文心大模型构建,融合了深度学习、自然语言处理等前沿技术,通过大量的语言数据和模型训练,能够生成符合语法和语义规则的优美句子、段落和文章。其强大的知识增强、检索增强和对话增强技术特色,使得文心一言在理解用户意图、提供精准回答方面表现出色。

微课12-1:
"文心一言"
简介

在功能使用上,文心一言提供了多种便捷的方式。用户可以通过网页版直接在对话界面与AI进行对话,无论是生成实时信息、上传文档提问,还是基于ECharts作图、看图生成文字,网页版都能轻松应对。此外,文心一言App还增加了社区和发现两个模块,用户可以在社区中分享和围观有趣的对话,也可以在发现板块探索更多垂直应用,如水墨风格绘画、高情商回复等。对于企业用户,文心一言还提供了API接入方式,帮助企业高效利用AI大模型提升工作效率。

文心一言的功能特点丰富多样，包括智能问答、文学创作、商业文案创作、数理逻辑推算等。能准确理解用户的问题，并给出恰当的回答。在文学创作方面，文心一言能够根据用户给出的关键词或主题，生成一篇富有文采的文章或诗歌。对于需要撰写商业文案的用户来说，文心一言同样是一个得力助手，它能够根据用户的需求生成各种风格的商业文案，如广告词、宣传语等。此外，文心一言还具备数理逻辑推算能力，用户可以进行数学计算、逻辑推理等操作，得到准确的结果。

在应用场景上，文心一言同样展现出广泛的适用性。个人用户可以利用文心一言进行日常对话、获取信息、创作文章或诗歌等，它还能帮助用户解决一些生活中的小问题，如查询天气、制定计划等。对于职场人士和学生来说，文心一言是一个高效的学习和工作助手，它可以帮助用户快速生成报告、总结、PPT等文档，提高工作效率和学习成绩。在企业运营方面，文心一言的应用也非常广泛，企业可以利用它进行客户服务、数据分析、营销推广等操作，通过API接入方式，还可以将文心一言集成到自己的系统中，实现更加智能化的运营和管理。

12.3.2　大学生创业简介

大学生创业是指在大学期间或毕业后，年轻人利用自身的知识、技能和创新意识，自主创办企业或开展个人创业活动。能培养大学生创新意识、提升实践能力。

12.4　项目实施

步骤1：访问文心一言

打开文心一言主页。

微课12-2：
项目实施

步骤2：单击"文档分析"

单击"文档分析"按钮，如图12-1所示：

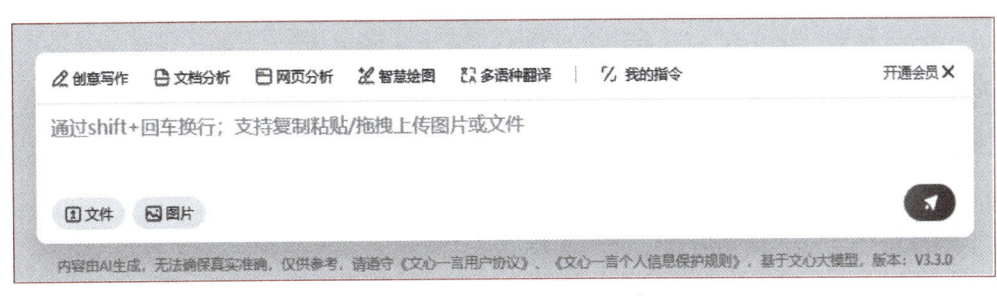

图12-1　单击"文档分析"

步骤3：单击"工作文档"并上传文件

单击"工作文档"按钮并上传文件，如图12-2所示。

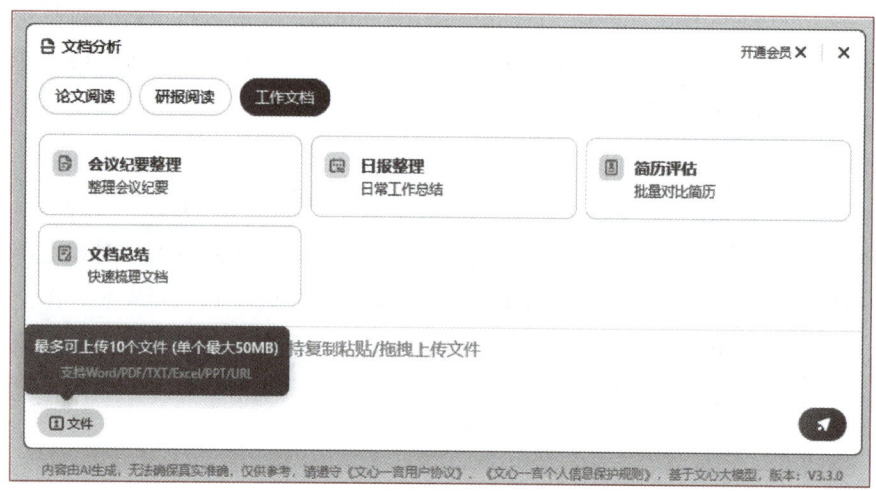

图12-2　单击"工作文档"并上传文件

步骤4：对上传文档进行全文摘要

将下载好的《湖南省大力支持大学生创业若干政策措施》文件上传后，根据需求，可填写以下提示词："对我上传的文档进行全文摘要，需要包含核心观点、段落大意，要求结构清晰"，如图12-3所示，完成后单击"发送"按钮。

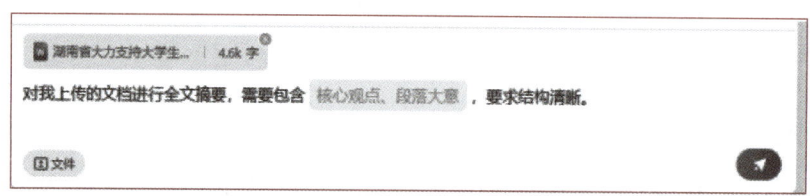

图12-3　对文档进行全文摘要

经过短暂等待，"文心一言"生成结果如下。

> 这份文件是《湖南省大力支持大学生创业若干政策措施》，主要介绍了湖南省为深入贯彻党的二十大精神等，在支持大学生创业方面出台的一系列政策措施。以下是全文摘要：
>
> 核心观点
>
> 湖南省出台多项政策措施，全面支持大学生创业，涵盖政策、基金、孵化、导师、课程、典型、宣传等七个方面，旨在推动大学生留湘来湘创业，打造大学生创业的热土和对年轻人友好的省份。

段落大意

引言：

湖南省人民政府办公厅发布通知，印发《湖南省大力支持大学生创业若干政策措施》。政策措施旨在贯彻党的二十大精神，落实省委关于支持大学生创业的部署要求。

实施支持大学生创业政策：

实施大学生创业补贴政策，包括一次性创业补贴、社会保险补贴、创业场地房租补贴等。

设立鼓励创业专项补贴，对在创业竞赛中获奖的创业团队给予创业启动金。

落实税收优惠政策，对高校毕业生从事个体经营等给予税收减免。

设立面向大学生的创业投资基金：

设立湖南省大学生创业投资基金，首期规模为5亿元，支持大学生主导的在湘创业初期项目。

建立大学生创业投资基金管理服务机制，加强项目开发与储备，建立项目库与基金联动机制。

建设有特色、功能强的创业孵化载体：

推进大学生创业孵化基地标准化建设，制定建设标准，支持建设省级大学生创业孵化基地。

增强孵化基地服务带动能力，推动与创业投资基金深度合作，完善信息共享和综合服务功能。

成立指导大学生创业的导师团：

遴选一批高水平的大学生创业导师，组建省级大学生创业导师团。

完善导师指导机制，打造创业指导工作室，组织导师进校园开展活动。

完善高校创新创业教育体系：

优化大学生创业教育课程体系，深化多学科交叉融合，打造精品课程。

深化高校创新创业人才培养模式改革，探索项目制课程和教学模式。

加强高校创新创业师资队伍建设，完善职称评聘、离岗创业等制度。

选树大学生创新创业典型：

加大大学生创业典型发现培养力度，建立跟踪培养机制。

完善大学生创新创业竞赛机制，成立公益基金支持竞赛活动。

推出大学生创业竞赛电视节目：

打造大学生创业高端节目品牌，与国家相关部委联合制作专题节目。

深入开展大学生创业主题宣传，营造全社会重视支持大学生创业的氛围。

总结

该文件通过实施多项政策措施，全面支持大学生创业，包括提供创业补贴、设立投资基金、建设孵化载体、成立导师团、完善教育体系、选树创新典型和推出竞赛电视节目等，旨在打造良好的创业环境，推动大学生留湘来湘创业，为湖南的高质量发展提供坚实的人才支撑和动力。

小明发现，通过"文心一言"给出的文档摘要包含了核心观点、段落大意和总结。结构比较清晰，让小明更深刻地理解了这份文件。其中小明尤其感兴趣的是关于"推进大学生创业孵化基地标准化建设，制定建设标准，支持建设省级大学生创业孵化基地"的相关信息。于是小明尝试进一步查询相关信息。

步骤5：查询相关信息

输入"'推进大学生创业孵化基地标准化建设，制定建设标准，支持建设省级大学生创业孵化基地'有哪些具体规划？"如图12-4所示，完成后单击"发送"按钮。

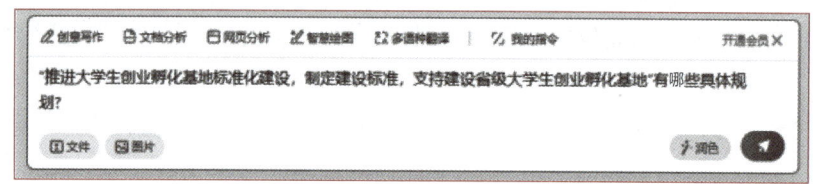

图12-4　查询相关信息

经过短暂等待，"文心一言"生成结果如下所示。

推进大学生创业孵化基地标准化建设，制定建设标准，支持建设省级大学生创业孵化基地的具体规划包括：

制定大学生创业孵化载体建设标准：

立足湖南"4×4"现代化产业体系，制定具体的建设标准，以确保孵化基地的质量和效益。

鼓励多方参与建设：

鼓励高校、科研院所、园区、企业等各方力量积极参与，共同建设一批基础设施好、服务质量高、科技含量足、成长空间大的大学生创业孵化基地。

重点支持省级基地建设：

明确提出重点支持建设20个左右具有示范和带动效应的省级大学生创业孵化基地，通过树立标杆，引领和推动全省大学生创业孵化基地的整体发展。

推动标准化与特色化相结合：

在推进标准化的同时，也注重孵化基地的特色化发展，鼓励根据地方产业特色和大学生创业需求，打造具有地方特色的创业孵化基地。

加强服务带动能力：

推动大学生创业孵化基地与湖南省大学生创业投资基金深度合作，加强各类创业载体之间的交流合作，完善信息共享机制和综合服务功能，提升孵化基地的服务水平和带动能力。

政府支持：

各级政府投资建设的孵化器等创新创业载体应安排不少于30%的场地，免费提供给大学生，以减轻大学生创业者的负担。

持续优化创业环境：

推动高校、科研院所的实验室以及科研仪器、设施等科技创新资源面向大学生免费或低收费开放，为大学生创业提供更加便利的条件。

这些具体规划旨在通过标准化的建设和多方面的支持，为大学生在湖南创业提供更加完善的孵化环境和服务，推动大学生留湘来湘创业，促进湖南经济的高质量发展。

小明借助"文心一言"，加深了对文件的理解。如果遇到其他理解不深的文档，小明也可以使用这种办法帮助自己理解。除此以外，"文档分析"栏目中，还有其他功能，如："论文阅读""研报阅读"等。小明相信，只要充分使用好这些工具，一定能很好地帮助自己更好的工作、学习和生活。

12.5　项目拓展

在掌握了基本操作后，同学们可以进行更多的尝试，使用其他的功能。例如整理会议纪要，也可使用论文精读等等，让同学们能够熟练使用人工智能工具，并将其应用到实际生活中的学习和工作中。

12.6　项目小结

本项目帮助小明对文档进行了快速梳理。通过使用大模型相关工具，可以快速、简易地理解文档，享受人工智能带来的便利。

12.7　项目练习

一、选择题

1. 为了更深入理解文件，可以使用（　　）。
   A. 视频会议　　　B. AI工具　　　C. 电子邮件　　　D. 社交媒体
2. 为了更深入理解文件，本项目用到了（　　）工具。
   A. 创意写作　　　B. 网页分析　　　C. 文档分析　　　D. 智慧绘图
3. 上传的工作文档，最多可上传（　　）文件。
   A. 5个　　　　　B. 10个　　　　　C. 15个　　　　　D. 20个
4. 对于生成结果能否用提示词进一步查询相关信息？（　　）
   A. 不可以　　　　B. 可以　　　　　C. 有时可以　　　D. 无所谓

5. 上传的文档，单个文件最大可以是（　　）。

   A. 10 MB   B. 30 MB   C. 50 MB   D. 80 MB

二、填空题

1. 本项目主要使用的 AI 工具是_____。
2. 要分析文档，先要将该文档进行_____。
3. 在文档分析分类中，除了"工作文档"，还有"研报阅读"和"_____"。

三、操作题

请同学们根据自己的专业特色、学习要求等，阅读一篇高水平文章。遇到理解不深的文档、段落，使用人工智能相关工具获取帮助。

项目 13　制作人工智能协会 Logo

13.1　项目描述

小华是"人工智能协会"的一名活跃成员，最近她在策划协会的宣传活动时，意识到一个醒目且具有科技感的协会 Logo 对于提升协会形象和吸引新成员至关重要。她希望这个 Logo 不仅能够代表协会的专业性和创新精神，还能够体现出人工智能的前沿技术和未来趋势。于是，她决定尝试将人工智能的元素融入 Logo 设计中，使其既具有辨识度又能够激发人们对人工智能的兴趣。

她了解到，人工智能技术可以通过先进的图形设计和算法优化，将抽象的创意转化为具体的图形设计。小华希望借助这项技术，让人工智能协会的 Logo 不仅只是一个标志，更是一个能够讲述故事、传递信息的视觉作品。她希望设计一个具有科技感和创新性的 Logo，在协会的各种活动中使用，让成员们和外界都能一眼识别出协会的特色。

然而，在设计过程中，小华也遇到了一些问题：作为一个非专业的设计人员如何完成 Logo 的制作？在 Logo 设计时，不熟悉专业的设计软件，如何快速上手软件并有效地使用它们来制作 Logo？面对这些问题，小华开始对人工智能设计工具的使用充满期待。她迫切希望通过人工智能软件的学习和操作，掌握快速制作 Logo 的方法，简化技术实现过程，制作出令人印象深刻的人工智能协会 Logo。

13.2　项目分析

使用人工智能技术将文字的创意构思转化为人工智能协会的 Logo，关键在于选择合适的人工智能设计工具。即梦 AI 以其先进的图形处理能力和直观的用户界面、简易的操作方式脱颖而出，它不仅能够理解复杂的设计需求，还能提供直观的动态反馈，帮助用户实时看到设计变化，其简洁的操作流程特别适合设计新手。

为确保项目的成功，需要进行一些前期的准备工作。

1. 明确设计目标

为了确保 Logo 设计的方向与人工智能协会的品牌形象相匹配，需要明确 Logo 所要传达的核心价值和信息，以便人工智能工具能够根据这些目标生成合适的设计方案。

2. 了解人工智能设计工具的操作技巧

AI生图方法：掌握人工智能设计工具的操作技巧是实现高效Logo设计的关键。

平台界面布局：用户可以通过直观的菜单和图标快速找到所需功能，从而提高设计效率。

具体参数调整：如何根据设计需求调整人工智能工具中的参数，比如描述词、模型、精细度、图片大小、尺寸等，以达到最佳的设计效果。

做好这些前期准备，将有助于更有效地利用人工智能工具，灵活调整设计参数，最终制作出既符合人工智能协会品牌形象又具有创新性的Logo设计。

13.3 相关知识

AI生图是一种利用人工智能技术生成图像的方法。通过训练神经网络，AI生图可以自动生成具有高分辨率、高保真度和高度逼真的图像，从而可以广泛应用于图像处理、计算机视觉、图像识别等领域。

本项目使用字节跳动旗下的人工智能创作平台即梦AI，其以AI绘画和AI视频生成为核心功能，致力于为用户提供一整套高效创意实现工具。本项目将深入探讨即梦AI的功能、提示词技巧，以及实际应用示例，旨在揭示如何通过优化提示词，更高效地利用人工智能技术，产出高质量的图片内容。

13.3.1 即梦AI平台介绍

微课13-1：即梦平台及功能介绍

2024年5月9日，即梦AI(原名Dreamina)正式宣布品牌更名并全量上线了AI绘画和AI视频生成功能。即梦AI利用深度学习算法，能够根据用户的指令生成高质量的图像和视频，展现了在自然语言理解和图像生成技术上的进步。在智能技术的驱动下，即梦AI不断进化，其应用范围也日益广泛。从日常办公的便捷助手，到专业领域的得力伙伴，即梦AI以其强大的功能与灵活的应用性，赢得了众多用户的青睐与信赖。它不仅能够协助用户完成烦琐的文档处理工作，提升工作效率与质量，还能在关键时刻提供宝贵的建议与指导，助力用户在职场与生活中取得更加出色的表现。

13.3.2 即梦AI功能介绍及亮点

即梦AI提供从AI作图、图片、文字生成视频到故事创作、AI音乐的多种创作工具。平台的核心亮点除了真实的照片质感外，还有其AI视频生成功能，用户通过输入图片、文字提示、运镜控制、视频设置等自定义生成视频，旨在简化图像、视频创作流程，让非专业用户也能轻松产出高质量的图像、视频内容。如图13-1所示。

项目 13　制作人工智能协会 Logo

图 13-1　即梦 AI 首页

即梦 AI 提供了 5 个图片生成模型，不同的模型有不同的侧重点，用户只需输入关键词或上传参考图，选择模型、精细度和图片比例，即可生成高质量图像，如图 13-2 所示。

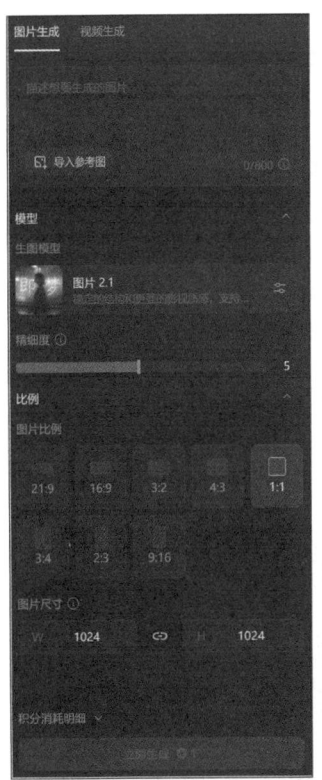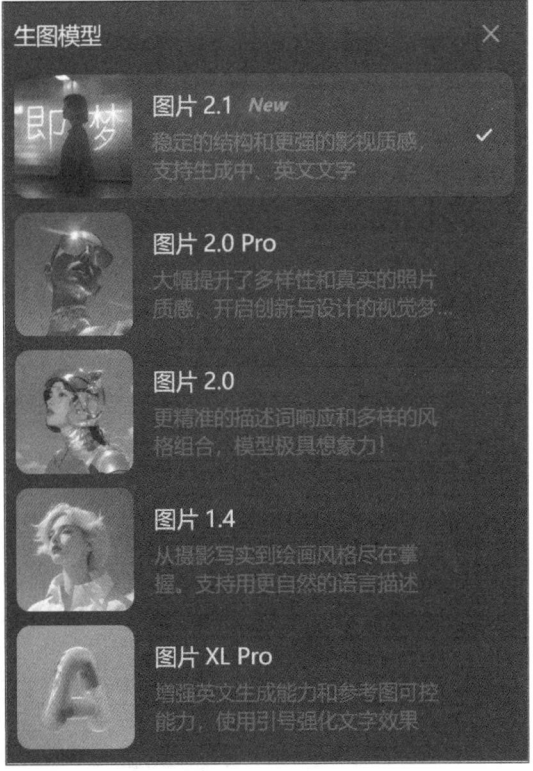

图 13-2　即梦 AI "AI 作图"功能介绍

它特别擅长处理中文提示，生成的图片质量稳定，覆盖从黏土风格到新中式国风等多种艺术风格。同时特别优化了对中国元素、写实场景和摄影方向的支持。见表 13-1。

表 13-1 即梦 AI"AI 作图"功能介绍

AI 作图功能	主要子功能	功能说明
文生图	/	输入提示词生成图片，支持中英双语输入 支持选择不同模型生成，代表模型有： 通用 v1.4：最新、画风通用性最佳、自然语言理解最佳 影视 v1.4：专业影视画风，场景、构图、光影、人物互动方面更佳 通用 v2.0：更精准的描述词响应和多样的风格组合，模型极具想象力 通用 XL Pro：增强英文生成能力和参考图可控能力，使用引号强化文字效果 …
图生图 输入图参考	图片参考	基于不同预期，参考输入图的定向特征、精准控制生成结果，包含参考角色特征/角色形象、风格特征、人脸长相、边缘轮廓、景深构图、人物姿势等

即梦 AI 不仅是一个工具，也是一个创意灵感的社区，用户可以在这里交流创作心得，获取灵感。平台定期开展"想象力挑战""迷你剧场"等社区活动，提供智能画布、故事创作模式等，帮助用户流畅地进行创作。如图 13-3、图 13-4 所示。

图 13-3 即梦 AI"探索"页面

图 13-4 即梦 AI"活动"页面

也可以选择感兴趣的社区图片作为灵感,单击"做同款"按钮可以复用提示词,生成同款图片,如图13-5所示,功能说明见表13-2。

图 13-5　即梦 AI"做同款"图

人工智能技术在设计领域的应用正在逐步深化,即梦AI等平台的出现,标志着人工智能技术已经从简单的辅助工具向全面参与设计流程的方向发展,降低了图像、视频、音乐等的创作门槛,成为创意产业中的重要工具。通过学习和掌握即梦AI的制作流程,可以让普通人更加快速地创作出更加符合市场流行的图片、视频、音乐作品,并在未来带来更多的惊喜与便利。

表 13-2　即梦 AI"做同款""社区内容"功能说明

主要功能	功能说明	对用户的好处 / 应用场景
做同款	可以直接复制提示词,输入参考图片,选择参考内容,然后就能直接生成图片 or 视频	不会写 / 没灵感——学习门槛低,不用自己写提示词,可以快速上手,体验 AI 生图 / 视频的乐趣 自己写的词生成效果不好 / 不知道什么词对应什么风格——通过参考优秀作品的提示词,能够提升自己写词的能力,创作出更好的作品
丰富的社区内容	社区内有高质、丰富、有趣的生成作品,可以获取灵感、学习他人 AI 生图 / 视频的思路,帮助自己更好地使用 AI 作图 / 视频	娱乐 / 好奇 / 好玩——看看 AI 创作者们脑洞大开的作品 技能提升 / 保持专业信息摄入——看看优秀生成案例,保持学习

13.3.3 即梦 AI 界面介绍

首先来认识一下即梦 AI 的大致界面信息，搜索"即梦 AI"进入站内首页如图 13-6 所示，在左侧栏中单击"在线生图"即可进入最基础的 Web UI 操作页面，同样也可以在左侧栏中看到在线工作流（Comfy UI）与高级版生图、生视频的按键，这些是人工智能的进阶用法，可以创作出更加惊艳的作品。

微课 13-2：
即梦 AI 界面

图 13-6　即梦 AI 首页图

打开"图片生成"页面，如图 13-7 所示，页面整体被分为信息输入区以及参数编辑区。

图 13-7　图片生成界面

1. 信息输入区

需要填入的是对于想要生成的图片较为明确的文字内容，以便人工智能工具能够根据这些目标生成合适的设计方案。

2. 参数编辑区

主要作用就是针对生图过程中的细节部分进行调整，包括生图模型、精细度、图片比例尺寸等。

13.3.4 即梦 AI 的图片生成流程

1. 输入描述词

用户首先需要在即梦 AI 的界面中输入具体的描述词。这些描述词应该详细且富有创意，包括想要的画面元素、风格、色彩、布局等细节。例如，用户可以输入"一个穿着古装的女子站在桃花树下，黄昏背景，水墨画风"。

微课 13-3：即梦 AI 图片生成流程

2. 选择模型与设置

在即梦 AI 中，用户可以选择不同的 AI 模型，如即梦通用 v1.4，以及调整生成图片的精细度和尺寸。通常，用户可以根据自己的需求来选择，默认设置通常适用于大多数情况，如图 13-8 所示。

图 13-8 图片生成界面效果图

3. 立即生成

单击"立即生成"按钮后，即梦 AI 的后台算法会根据输入的描述词，利用深度学习技术处理生成图像。这个过程是自动的，用户只需等待片刻。

4. 结果预览与选择

系统会生成多张基于描述的图片供用户选择，每张图片都是根据描述词的不同解释生成的。用户可以浏览这些结果，挑选最符合预期的一张。如对生成作品不满意可以选择"重新编辑"或者"再次生成"，也可以选择"发布"，如图13-9所示。

图 13-9　图片生成效果图

13.4　项目实施

微课 13-4：
项目实施

本项目将为"人工智能协会"制作一个具有独特性和辨识度的协会Logo，增强协会的品牌形象。通过前期对"人工智能协会"Logo设计目标的思考，可以着重体现以下方面的内容。

① 风格设定。Logo设计应追求简洁而不失深意，避免过于复杂的图案和过多的细节，以便于识别和记忆，应以简洁明了为主。

② 智能与科技的融合。Logo应直观地传达出智能与科技的结合，可以使用象征智慧的元素（如大脑、神经元、电路板等）与现代科技符号（如二进制代码、数据流、未来感的线条或形状）相结合。

③ 未来感与前瞻性。Logo设计应具有一定的未来感和前瞻性，通过使用流线型、几何化或抽象化的图形来营造出一种超越现实的氛围。

④ 色彩的运用。色彩在Logo设计中扮演着至关重要的角色。对于人工智能Logo来说，可以选择一些代表科技、创新和未来的色彩，如蓝色（代表科技、信任）、银色或灰色（代表现代、高端）、绿色（代表长寿、智能）等。

步骤1：输入描述词

尝试输入与项目要求相关的关键描述词如："'人工智能协会'，Logo标志，简洁，突出合作，纯色背景，背景干净，大脑，神经元，电路板，矢量平面效果，数据流，未来感的线条，几何形状，超现实风格，蓝色，银色，智能的进化，数据的流动，知识的共享，平面矢量标志，现代化，设计感，高级感，避免过于复杂的图案和过多的细节，便于识别和记忆。"可根据需求修改描述词。如图13-10所示。注意：为方便人工智能识别需要录入的文字信息，须对该文字使用引号，强化文字效果。

步骤2：选择模型与设置

现有的AI模型暂时不能确保精准生成文字，特别是复杂的中文，可选择"图片2.1"或"图片XL Pro"，增

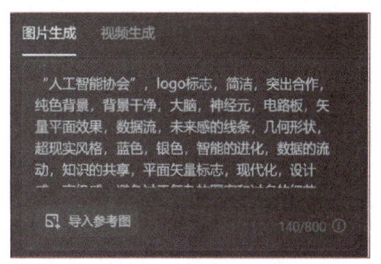

图13-10　图片生成信息输入区效果图

强中文及英文的生成能力，同时可使用引号强化文字效果。但"图片2.1"模型生成效果更偏向于真实，可根据风格进行选择。设置精细度为7，图片比例为1∶1，图片尺寸为1 024像素×1 024像素。如图13-11所示。

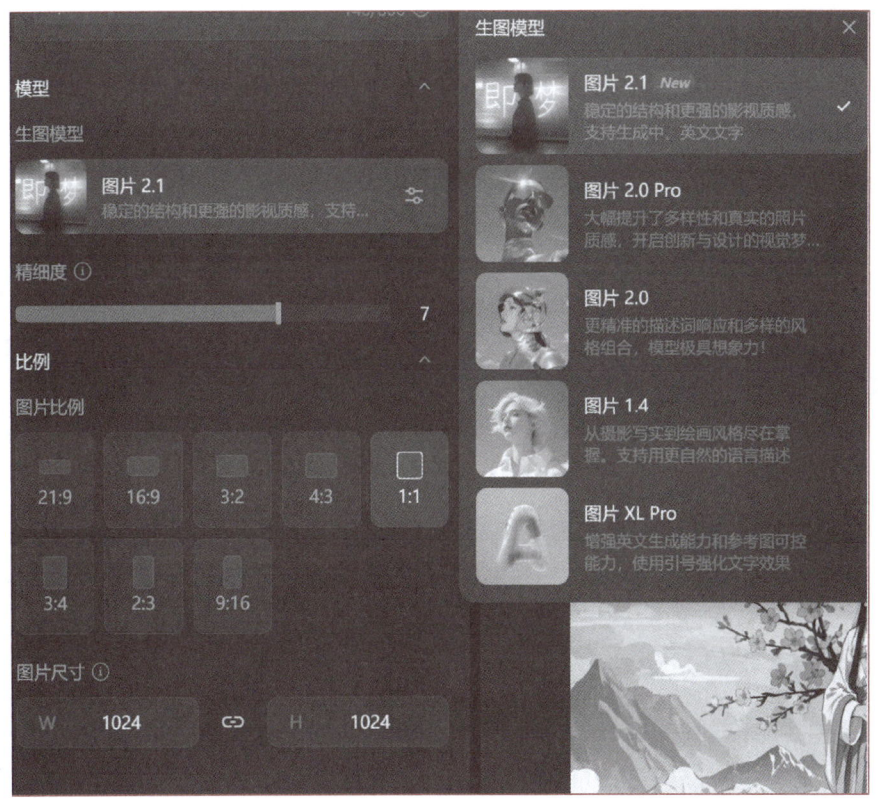

图13-11　参数编辑区效果图

步骤3：生成图像

单击"立即生成"按钮后，即梦AI的后台算法会根据输入的描述词，利用深度学习技术处理生成图像，如图13-12所示。

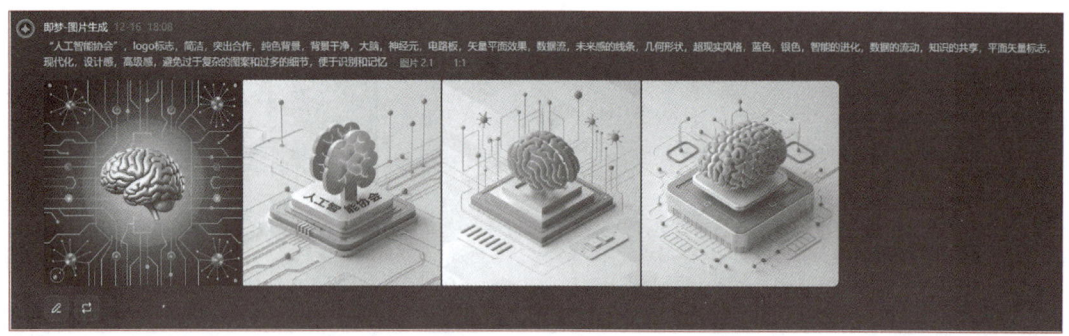

图 13-12　根据以上设置生成图片效果图

步骤4：结果预览与选择

系统会生成4张基于描述的图片供用户选择，可以浏览这些结果，挑选最符合预期的一张，选择"发布"。如对生成作品不满意可以选择"重新编辑"或者"再次生成"。例如，如图 13-13 所示的生成效果过于写实，相对复杂，可选用模型"图片 XL Pro"再次生成。

图 13-13　根据相同设置使用"图片 XL Pro"生成图片效果图

因该模型无法准确生成中文，为确保 Logo 效果的完整，可通过"去画布进行编辑"进行二次修改。

步骤5：修改与调整

单击所选图片，找到并单击"去画布进行编辑"按钮，进入到"实时画布"界面，如图 13-14 所示。"实时画布"集成AI拼图生成能力，并提供局部重绘、一键扩图、图像消除和抠图等多种功能，可以在同一画布上实现多元素的无缝拼接，确保AI绘画的创作风格统一和谐。

根据项目要求，需要去除图中"Artifical inteligence associaition"等字母，替换成"人工智能协会"。单击图像后会弹出"局部重绘"的操作面板，如图 13-15 所示，可使用消除笔涂抹不需要的区域。

注意调整画笔大小，避免涂抹到其他区域。消除满意后，可单击"完成编辑"按钮返回上级工具，再使用"添加文字"工具，如图 13-16、图 13-17 所示。

项目 13 制作人工智能协会 Logo

图 13-14 所选图片编辑界面

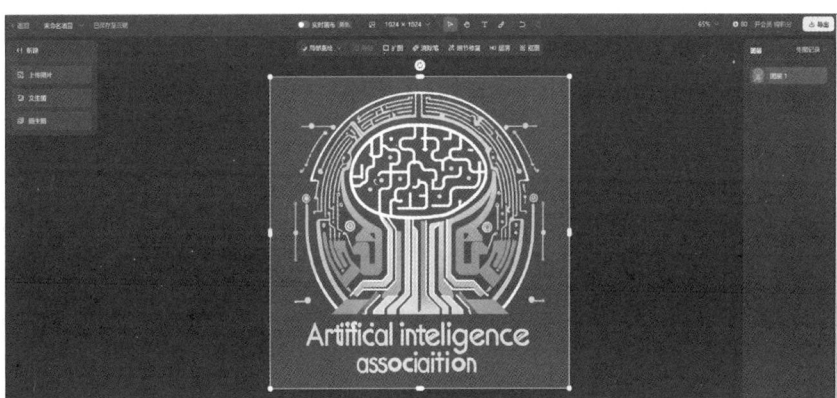

图 13-15 "实时画布"修改页面

图 13-16 "消除笔"页面

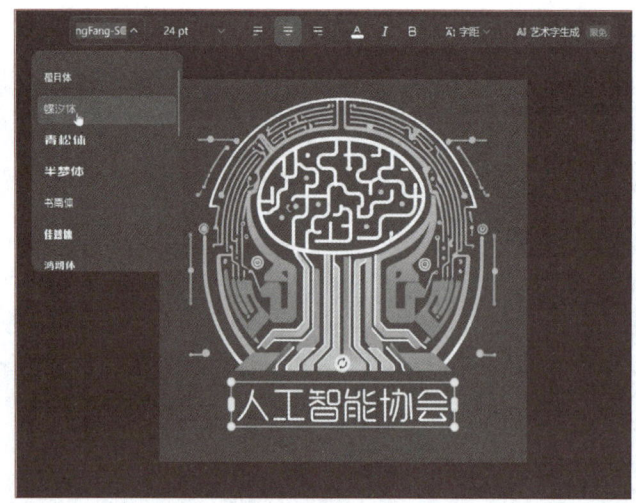

图 13-17 "添加文字"工具

可根据所需内容完成文字输入,如"人工智能协会",并调整字体及颜色,按住鼠标左键拖曳文字框右下角,可控制文字大小的变化,或修改字间距,也可用"AI艺术字生成"功能调整,如图 13-18、图 13-19 所示。

图 13-18 "添加文字"工具页面

图 13-19 调整后效果图

步骤6:导出与下载

完成所有编辑后,可以导出图片。选择合适的格式,然后下载到本地,人工智能协会 Logo 制作完成,如图 13-20 所示。

本项目旨在利用即梦平台的 AI 绘图技术,帮助学生掌握 Logo 设计的创新方法,激发创造力和设计潜能。通过实际操作,学生能够将抽象的设计理念转化为具体的视觉效果,这对于他们的职业发展和创新能力的提升具有重要意义。同时,通过 AI 绘图技术设计的 Logo 将为部门/协会带来更加专业和吸引人的品牌形象,有助于提升组织的凝聚力和影响力。

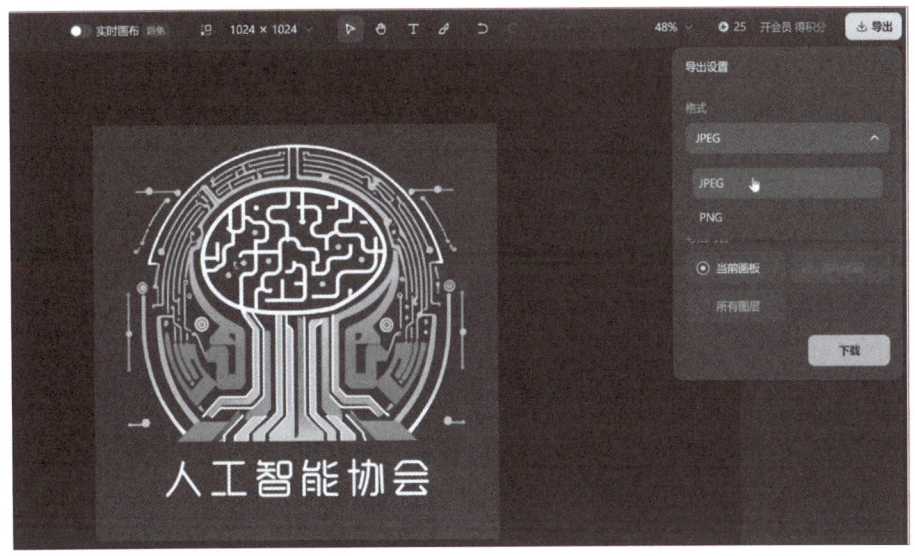

图 13-20 "导出与下载"界面

13.5 项目拓展

在掌握了基本操作后,同学们可以尝试根据对自己专业的了解,生成一个本班的专属 Logo 设计。

13.6 项目小结

在本项目中,小华通过选择即梦 AI,成功完成了"人工智能协会"Logo 的制作。即梦 AI 凭借其强大的生图效果和简便的操作流程,帮助她在 Logo 制作中取得了令人满意的效果。

在操作过程中,小明不仅学习了如何用 AI 生图的具体步骤,还掌握了生图过程中的关键技术参数,如描述填写、模型选择等。同时,通过对人工智能图片生成技术发展和工具的深入了解,她对未来 AI 生图技术的应用前景有了更清晰的认识。

13.7 项目练习

一、选择题

1. 未接受过设计和相关领域学习的同学,想将文字创意转化为设计时,以下(　　)工具因其图形处理能力和用户界面更被推荐。

　　A. Photoshop　　　B. Illustrator　　　C. 即梦 AI　　　D. Canva

2. 在使用生成式 AI 完成设计过程中,(　　)不是即梦 AI 的优势。

A. 理解复杂的设计需求　　　　　　B. 提供直观的动态反馈
C. 复杂的操作流程　　　　　　　　D. 简洁的操作流程

3. 即梦AI平台特别优化了（　　）类型的场景支持。
A. 科幻　　　　　　　　　　　　　B. 中国元素
C. 抽象艺术　　　　　　　　　　　D. 未来主义

4. 以下（　　）不属于即梦AI平台的用户体验与社区功能。
A. 智能画布　　　　　　　　　　　B. 故事创作模式
C. 在线协作　　　　　　　　　　　D. 社区活动

5. 在即梦AI中，用户可以根据自己的需求选择不同的AI模型，如"即梦通用v1.4"，这一步骤属于（　　）环节。
A. 输入描述词　　　　　　　　　　B. 选择模型与设置
C. 立即生成　　　　　　　　　　　D. 结果预览与选择

二、填空题

1. 在使用即梦AI完成设计后，可以使用描述词、＿＿＿＿＿＿、＿＿＿＿＿＿、图片大小等，来调整参数以优化设计效果。

2. 在即梦AI的＿＿＿＿＿＿中，用户可以输入具体的描述词，这些描述词应该详细且富有创意，包括想要的画面元素、风格、色彩、布局等细节。

三、操作题

请使用即梦AI帮助小明完成"猛虎出击"辩论组的小组Logo制作。

项目14 生成个人数字形象

14.1 项目描述

小华是一名热爱体验生活的大学生,她最近对虚拟现实和数字形象产生了浓厚的兴趣。她梦想着能够创建一个属于自己的数字形象,这个形象不仅能够代表她在虚拟世界中的分身,还能在社交媒体上与朋友们互动。小华认为,通过人工智能技术,她可以将自己的个性、表情和动作完美地复制到一个虚拟形象上,让这个数字版的自己变得更加生动和有趣。

她了解到,人工智能技术可以通过语言描述,为个人描绘不同风格的数字形象。小华希望借助这项技术,让自己的数字形象能够在游戏中自由行走、在虚拟会议中发言,甚至在社交平台上与他人进行互动。

然而,在实际操作过程中,小华也遇到了一些挑战:如何将不同风格的数字作品保留统一的数字形象?在人工智能生成数字形象时,哪些技术参数和细节最为关键?面对这些问题,小华开始对人工智能工具的使用感到困惑。她渴望通过学习和实践,掌握相关技巧,打造出一个具有个性的个人数字形象。

小华知道,这不仅仅是一个技术挑战,更是一个艺术创作的过程。她希望通过不断的尝试和优化,让自己的数字形象在虚拟世界中栩栩如生,成为她与世界沟通的新桥梁。

14.2 项目分析

使用人工智能技术将个人形象转化为数字形象,重要的是选择合适的人工智能工具。即梦AI不仅操作简单且具备先进的图像处理技术,而且还能够精确捕捉参考图的特征并生成统一的数字形象,其操作界面直观,适合非专业人士使用。

为顺利完成项目,需要做好一些前期准备。以便更好地了解人工智能生成数字形象的技巧。

① 选择形象风格。根据个人特点和使用场景,选择合适的形象风格,如卡通化、写实风等。

② 调整参数。学习如何调整人工智能工具中的参数,以适配不同的照片和期望的数字形象效果。

③ 优化调整。掌握如何根据初步生成的数字形象进行细节优化,以达到最终期望的效果。

14.3 相关知识

14.3.1 标准描述词的书写

微课14-1：描述词的书写

即梦AI中提示词内容可以大致分为两大类，分别是细节描述和生图标准。

1. 细节描述

细节描述主要是对整体画面内容进行书写，主要分为人物主体特征，如服饰、发色、五官、面部、动作……；以及场景特点，如室内环境、室外环境、整体场景的描述、内部细节的描述等；还有场景设定，如白天、夜晚、天气、光线方向等，同时也可以在前面加入一些形容词，如"美丽的""快乐的"，让整个画面的描述带有一定的感情色彩。

2. 生图标准

生图标准主要是指对于有关图片质量产出的标准进行提示词书写。主要为画质，如8K、高分辨率、清晰等提示词；以及画风，如动漫、彩绘、写实、抽象等决定画面风格的提示词，如图14-1所示。

图14-1 常见生图提示词的描写

以这张图片为例，提示词虽然看上去繁多，但是如果把它分类拆开，就会发现不同的提示词主要描绘了画面风格、画面质量、人物细节、画面背景，以及一些修饰性元素。在生图的过程中，也可以试着仿照它的形式，把细节描述和生图标准的提示词类别以词组化的形式填写进去。

词组化的好处就在于当用户想修改画面某处的细节时，不需要重新组织语言，只需要将原来的词组替换为所需词组，画面就会随着词组更改而变化。

14.3.2 即梦AI参数简介

参数编辑区的主要作用就是针对生图过程中的细节部分进行调整，包括生图模型、精细度、图片比例尺寸等，如图14-2所示。

图14-2 即梦AI编辑页面

1. 生图模型

生图模型指的是通过深度学习和机器学习算法，基于大量的图像数据和算法模型，能够生成不同标准的具有艺术性和创造性的图像。

比如即梦通用XL Pro，强调的是增强英文生成能力和参考图可控能力，使用引号强化文字效果；即梦影视v1.4主要是优化了影视风格和镜头叙事性，支持用更自然的语言描述；即梦通用v2.0可以识别更精确的描述词，响应多样的风格组合，是极具想象力的模型，如图14-3所示。

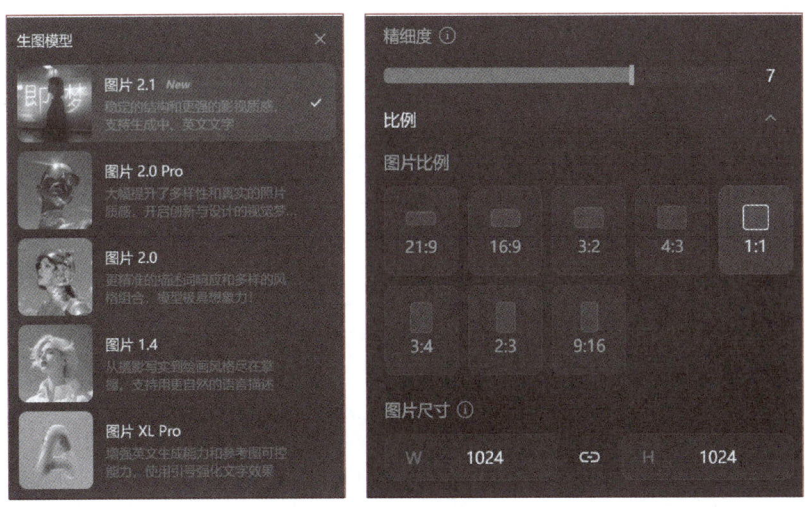

图14-3 即梦AI所提供的生图模型及精细度调整区

2. 精细度调整区

界面下方就是精细度的调整区，在生图过程中会对图片进行多次精细化处理，但数值越大生成的效果质量越好，耗时会更久。

"比例"区域提供几个常用比例关系的一键调整，也可以在图片尺寸处自由地设置图片的宽和高。平台会根据以上参数编辑自动计算所需的消耗积分，接下来就可以单击"立即生成"按钮了。

14.3.3 即梦AI编辑与优化

在即梦AI中默认是生成4张图片，选中需要调整的图片后，便可以进行编辑与优化，如图14-4所示。

微课14-2：即梦AI编辑与优化

图14-4 编辑与优化页面

1. 生成视频

即梦AI提供AI视频功能，如果需要进一步定制，用户可以进入视频生成模式。仅需要上传首帧或尾帧图片，即梦AI便会自动生成中间帧，增强视频创作的可控性和连贯性。尽管非会员用户生成的视频长度受限，但这一功能极大丰富了视频创作的可能性。

2. 对画布进行编辑

如果需要进一步定制，用户可以使用智能画布功能，调整图片的构图或添加文字及图片。

3. 超清图

如果觉得图片产出画面效果质量不行，可选择超清图，对图片内容进行修复。

4. 细节修复

细节修复是即梦AI在图片生成和编辑过程中的一项重要功能，旨在提升生成图片的逼真度和质量。通过智能算法，细节修复能够识别并增强图片中的微小元素，如纹理、阴影和光线，使图片更加生动和真实。

5. 扩图功能

扩图功能允许用户按原比例或自定义比例扩大图片,通过智能算法,扩图功能能够对图片进行无损放大,图片细节依然清晰可见,不会出现模糊或像素化的问题,同时还可保持风格的统一性。用户可以根据需要选择不同的放大比例,从简单的2倍放大到更高级的自定义比例,满足不同场景下的需求,特别是海报设计或者是需要背景扩展,如图14-5所示。

图 14-5　扩图后生成效果

6. 图像消除

通过消除笔工具,用户可以轻松移除图片中不需要的元素,如背景中的干扰物,使主体更加突出。如图14-6所示,在偏西式的建筑与古装女子装束不协调的情况下,便可选择使用消除笔涂抹不需要的部分,然后单击"立即生成"按钮。

图 14-6　图像消除后生成效果

7. 局部重绘

对生成图片不满意的部分,可以使用局部重绘功能,指定区域并输入新的描述词来修改这部分内容,比如改变人物的表情或背景的元素,如图14-7所示。

图 14-7　局部重绘界面及生成效果

8. 导出与下载

完成所有编辑后，用户可以导出图片，即梦 AI 提供 JPEG、PNG 等格式，可选择后下载到本地。

14.4 项目实施

本项目旨在解决小华在更换社交媒体上的头像的苦恼，而 AI 头像或许可以解决之前的困扰，不论是想要单人头像、双人头像或是个人形象只需要将指令输入清楚，就可以轻松生成。不必像以往需要纠结风格，AI 头像可以快速生成多张作品，使用者只需要从中挑选心仪的结果即可，还能有效地在社群中展现自己。使用 AI 头像能快速建立起个人或是品牌形象，不论在各行各业的哪种身份，都可以通过 AI 头像功能生成专属于用户自己的生动形象，并且也可依照使用规范应用于各种商业活动上。

微课 14-3：项目实施

步骤 1：打开即梦 AI 工具主页

打开即梦 AI 工具的官方网站，并登录账户后进入主页，如图 14-8 所示。

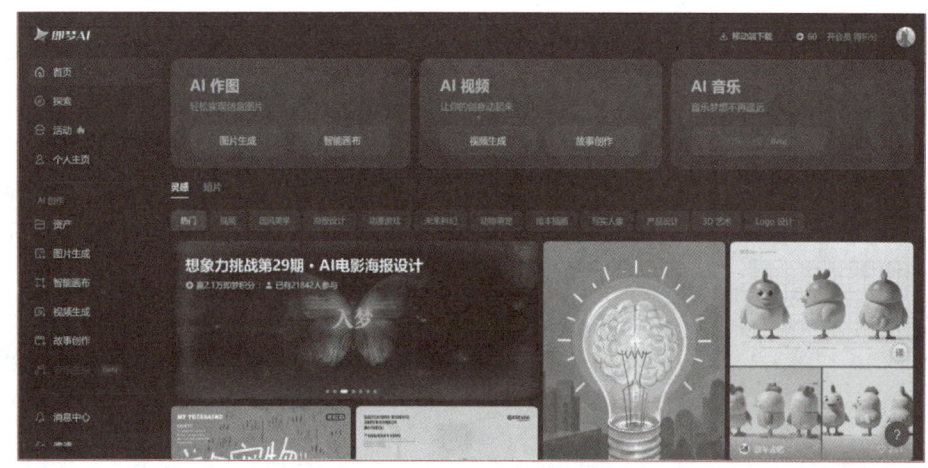

图 14-8　即梦 AI 主页截图

步骤 2：输入描述词

首先需要在即梦 AI 的页面中输入具体的描述词。这些描述词应该详细且富有创意，包括想要的画面元素、风格、色彩、布局等细节。例如，用户可以输入"水彩插画风，可爱的黑头发小女孩，扎着马尾，穿着紫色的衣服，拿着网球拍，开心地笑着，白色背景，治愈系"，如图 14-9 所示。

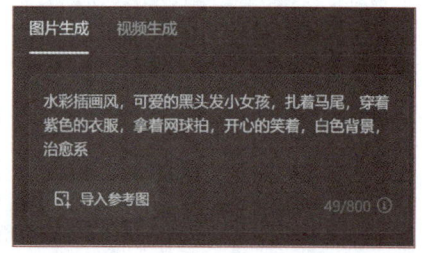

图 14-9　信息输入区输入图片描述词

步骤3：选择模型与设置

选择适合更精准的描述词响应和多样的风格组合的即梦通用v2.0，该模型更具想象力，图片比例可以选择更符合头像的1∶1，尺寸1 024像素×1 024像素，如图14-10、图14-11所示。

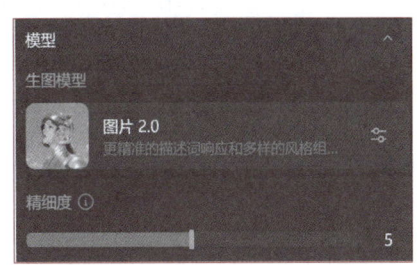

图14-10　选择模型、调整精细度

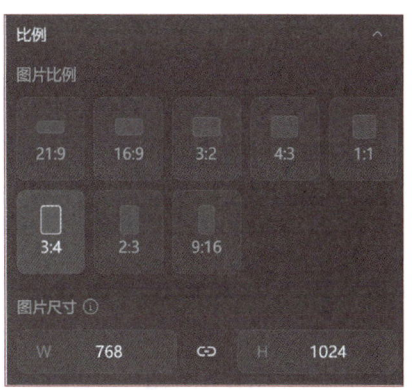

图14-11　调整图片比例与尺寸

步骤4：生成图像

单击"立即生成"按钮后，即梦AI的后台算法会根据输入的描述词，利用深度学习技术处理生成图像。这个过程是自动的，用户只需等待片刻。

步骤5：结果预览与选择

系统会生成4张基于描述的图片供用户选择，可以浏览这些结果，挑选最符合预期的一张。如对生成作品不满意可以选择"重新编辑"或者"再次生成"，也可以选择"发布"，如图14-12所示。

图14-12　图片生成页面

步骤6：提示词优化

可以优化提示词继续修改图像，以图片为参考继续完成不同风格头像的制作，如可以将水彩插画风格修改为3D、水墨画风格。

删掉之前风格相关词汇，添加关于3D风格的描述词"一个少女，紫色运动服，头像，黑色马尾，迪士尼皮克斯工作室风格的肖像摄影，色调柔和，模型展示，半身照，有精细的光泽，白色干净背景，3D渲染，柔焦，Octane Render（OC），知识产权风格，最佳画质，8K，超级详细，简洁"，如图14-13所示。

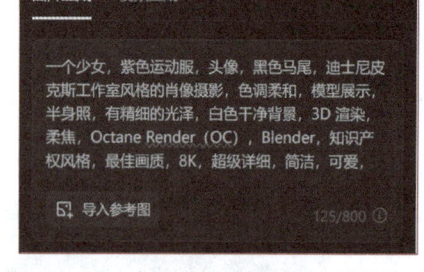

图 14-13　在原有提示词基础上进行修改

为统一风格需要导入准备好的参考图片，上传图片，选择"角色特征"，修改参考程度，如图14-14所示。

因该描述相对水彩画风格更趋于真实，那么在模型的选择与设置上选择支持用更自然的语言描述的即梦通用v1.4，更适合从摄影写实到绘画风格，如图14-15所示。

图 14-14　参考图调整

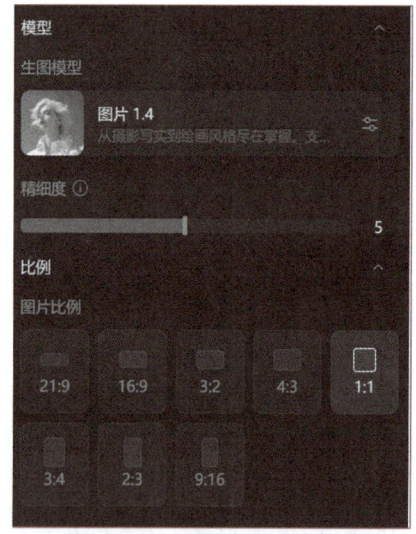

图 14-15　模型与设置

单击"立即生成"按钮后系统将自动生成4张图片供用户选择，因设置了参照图生成形象与水彩风格形象类似，便可以保持角色高度一致性，如图14-16所示。

步骤7：编辑与优化

可以通过修改描述词，加入个人爱好、全身照等生成个人形象照，如图14-17所示。也可以打开需要调整的图片后，进行编辑与优化。

如图14-18出现了严重的人体结构错误，有多肢的情况，可以使用"消除笔"进行消除，移除图片中不需要的元素。

项目 14　生成个人数字形象

图 14-16　图片生成页面

图 14-17　修改描述词后图片生成页面

图 14-18　图片的编辑与修改页面

单击"消除笔"按钮,打开"消除笔"对话框,用画笔涂抹需要删除的部分,比如最上方的那支手臂,涂抹完成后单击"立即生成"按钮,生成结果,如图14-19、图14-20所示。

图 14-19　图片的消除笔界面及涂抹区域

图 14-20　图片修改后生成效果

步骤8:下载与发布

单击图片画面右上角的"下载"按钮,即可将生成的图片文件下载至本地,单击"发布"按钮,在打开的页面中输入"作品描述"后,即可发布至即梦AI官方平台,如图14-21所示。

借助人工智能技术,用户能够轻松打造个性化头像,以便在社交媒体、游戏或虚拟世界中展现独一无二的自我形象,同时也能构建个人品牌。此外,人工智能技术还能够协助用户在数字世界中满足更多个性化需求，如定制虚拟形象、参与虚拟活动等，进一步增强用户的数字生活体验。当然，根据使用规范它也可以应用于各种商业活动，满足各类需求。

图 14-21　图片"下载""发布"按钮

14.5　项目拓展

在掌握了基本操作后，同学们可以尝试制作更多的图画项目，可以通过单击自己满意作品中的"重新编辑"对服饰的描述词进行修改后，再次生成。注意，为统一风格需要导入准备好的角色形象的参考图片，上传图片，选择"角色特征"，修改参考程度，主要参考脸部特征，可将"脸部参考强调"加大，"主体参考强度"数值减小，如图 14-22 所示。

图 14-22　调整参考角色特征

例如通过即梦 AI 为自己的个人形象完成换装体验，呈现更多的表现形式，如图 14-23、图 14-24 所示。

图 14-23　变装藏族少女生成效果图

图 14-24　变装苗族少女生成效果图

14.6　项目小结

本项目旨在帮助学生制定一个个性化的数字形象，利用人工智能技术，为用户提供一个简单、快速且高度个性化的方式来创建数字头像，提供高质量的图像生成，引入风格迁移技术，让用户的头像具有艺术化的效果，根据用户的输入自动生成独一无二的个人形象。

14.7　项目练习

一、选择题

1. 在即梦 AI 中，提示词内容可以大致分为（　　）两类。

A. 人物主体特征和场景特点　　B. 细节描述和生图标准
C. 画质和画风　　D. 室内环境和室外环境

2. 在即梦AI中，通过（　　）可以保证重新生成形象的一致性。

A. 细节修复　　B. 局部重绘
C. 去画布进行编辑　　D. 导入参考图

3. 以下表述不正确的是（　　）。

A. 在即梦AI中，画质提示词包括8K、高分辨率、清晰等
B. 生图标准可参照画风提示词，如动漫、彩绘、写实、抽象等决定画面风格的提示词
C. 即梦AI的操作界面直观，适合非专业人士使用
D. 在即梦AI中，生图标准主要指的是画面质量的提示词

4. 在即梦AI中，如果想生成一个具有特定风格的数字形象，应该首先关注（　　）部分。

A. 细节描述　　B. 生图标准　　C. 参数编辑区　　D. 编辑与优化

5. 在即梦AI中，（　　）功能可以用来去除图片中不需要的元素。

A. 超清图　　B. 细节修复　　C. 图像消除　　D. 局部重绘

二、填空题

1. 在即梦AI中，提示词内容可以大致分为两大类，分别是_____和_____。
2. 在即梦AI中，细节描述主要包括人物主体特征和_____。
3. 在即梦AI中，提示词词组化的好处在于当想修改画面某处的细节时，不需要重新组织语言，只需要将原来的词组替换为_____，画面就会随着词组更改而变化。

三、操作题

使用生成式AI工具完成一组插画，角色是两位好友：小华和小张。小华是一位热爱体验生活的大学生程序员，小张是一位严谨认真的医生。他们正在讨论关于"人工智能在医疗领域的应用"这一话题。需要确保小华的形象与教材中尽量一致，并体现小张的性格特点和专业背景。

项目 15　让尘封的记忆动起来

15.1　项目描述

小明是一名大一的新生，最近他在整理家庭老照片时，发现了长辈年轻时的照片。看着这些静态的老照片，小明不禁想象，照片中的人物如果能够"动"起来，会是怎样的情景？于是，他决定尝试将这些照片通过现代科技手段展现出来。

他了解到，人工智能技术可以通过先进的图像识别和处理技术，将静态老照片转化为生动的视频。小明希望借助这项技术，让长辈们年轻时的面容不再局限于纸面，而是能够在视频中微笑、点头，甚至做出各种动态动作。他希望制作一个家庭回忆视频，在家庭聚会上展示，让长辈们重温那段珍贵的岁月。

然而，在操作过程中，小明也遇到了一些问题：如何选择合适的人工智能生成视频工具？生成视频时，哪些参数设置最为关键？面对这些问题，小明开始对人工智能工具的使用充满疑惑。他迫切希望通过学习和操作，掌握生成视频的技巧，制作出令人满意的回忆视频。

15.2　项目分析

使用AI技术将静态照片转化为动态视频，重要的是选择合适的AI工具。即梦AI不仅具备成熟的图像识别和动态生成技术，而且还能够准确捕捉照片中的细节并生成自然的动态效果，其操作也较简单，适合初学者使用。

为顺利完成项目，需要做好一些前期准备。

① 选择合适的照片。为了确保生成效果的真实与自然，需要选择人物面部清晰、背景简洁的老照片，以便AI更好地识别人物细节。

② 了解视频基础概念。帧率（Frame Per Second，FPS）：帧率决定视频的流畅度，常见设置为24帧每秒或30帧每秒，越高的帧率意味着更平滑的画面。分辨率：影响视频的清晰度，通常建议选择1 080 P或更高的分辨率，以确保生成视频的画面质量。

③ 了解人工智能生成视频技巧。比如如何选择动效，如何选择更合适的参数来适配照片，如何优化调整视频以达到最终期望效果。

做好这些前期准备，才能够更加灵活地调整参数，制作出符合预期的家庭回忆视频。

15.3 相关知识

15.3.1 人工智能生成视频的发展与应用

随着人工智能技术的飞速发展,人工智能生成视频已经逐步从实验室研究走向大众应用。人工智能生成视频的核心技术主要包括深度学习和计算机视觉,通过对图像或视频数据的分析,人工智能能够自动生成动态内容。这一技术最早用于人脸动画、游戏角色生成等领域,随着生成对抗网络等算法的进步,人工智能生成的视频质量变得越来越逼真。

人工智能生成视频的应用场景广泛而深入。在个人娱乐领域,用户可以使用人工智能将老照片转换为动态视频,重现过去的记忆;在商业广告和影视制作中,人工智能能够生成高质量的动画片段,大大降低制作成本和时间。此外,在教育、医疗等行业,人工智能生成视频也被用来创建虚拟现实场景,辅助教学和培训。

人工智能生成视频技术不仅提升了视觉内容的创造力,还为内容创作带来了全新的可能性。未来,随着人工智能技术的进一步成熟和普及,人工智能生成视频将在更多领域展现出巨大的潜力和应用前景。

15.3.2 视频基础概念

1. 帧(Frame)

帧是视频的基本单位,每一帧都是一个静止的图像。通过快速播放一系列帧,形成了视频的动态效果。常见的帧率为24帧每秒(24 FPS)。

2. 运镜(Camera Movement)

运镜是指摄像机在拍摄时的移动方式,如推拉、摇镜等。合理的运镜设计可以增强视频的表现力和叙事效果。

3. 分辨率(Resolution)

分辨率决定了图像的清晰度,常见的有1 080 P(全高清)和4 K(超高清)。常见视频分辨率和对应像素值如图15-1所示。

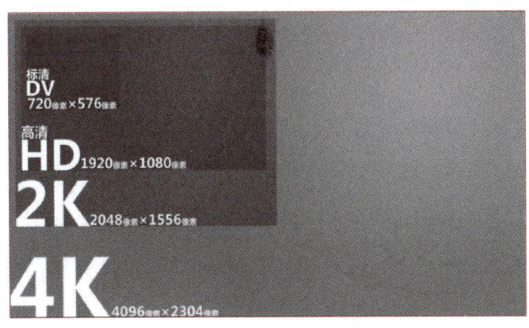

图15-1 常见视频分辨率和对应像素值

4. 画幅（Aspect Ratio）

画幅是视频画面的宽高比例，16∶9是最常见的宽屏比例。不同的画幅适用于不同类型的视频内容。

15.3.3 人工智能生成视频技巧

微课 15-2：
AI 生成视频技巧

在使用人工智能工具生成视频时，了解一些技巧和方法可以显著提升视频的质量和表现效果。人工智能生成视频技巧举例如下。

1. 选择高质量的照片或素材

人工智能生成视频的效果很大程度上取决于输入素材的质量。清晰度高、背景简洁的照片或视频有助于人工智能更准确地识别人物面部和细节，从而生成更自然的动态效果。特别是对于老照片，用户需要确保照片的分辨率尽可能高，避免因模糊或过多噪点影响生成效果。

2. 选择合适的动效与表情

在生成人物动态时，动效和表情的选择应与素材的情感和场景相符。例如，对于长辈的老照片，温和的微笑、点头等自然的动作更能传达怀旧的情感，而激烈的动作可能显得突兀。合理选择动效可以增强视频的情感表达。

3. 掌握帧率与时长的平衡

帧率决定了视频的流畅度，通常情况下，24～30帧每秒适用于多数生成视频场景。然而，用户可以根据具体需求调整帧率，适当提高帧率可以使动作显得更加平滑，尤其是较为复杂的动作场景。同时，要注意控制视频的时长以保持观看的流畅性，过长或过短的时长可能影响观看体验。

4. 分辨率与视频格式设置

分辨率决定了视频的清晰度，1 080 P或以上的分辨率通常适用于高清显示场景，尤其是家庭聚会或视频分享等场合。同时，选择合适的视频格式（如MP4、AVI）可以保证视频在不同设备上的兼容性和流畅播放。

5. 参数调整与多次尝试

人工智能生成视频的效果与工具中的参数设置息息相关。用户在生成视频时，可以根据不同的动效选择和情感需求调整细节参数，如生成时长、动作频率和表情强度等。通常情况下，多次试验不同参数组合有助于找到最优效果，避免初次生成时效果不尽如人意。

6. 后期编辑与润色

尽管人工智能工具能够自动生成视频，但用户仍可以通过后期编辑进一步提升效果。例如，使用专业的编辑软件添加字幕、背景音乐或修饰光影，以增强视频的情感和视觉体验。适当的编辑与润色不仅能提升整体效果，还能更好地传达制作意图。

通过这些技巧的灵活应用，用户能够更好地利用人工智能生成视频工具，制作出既符合情感需求又具备高质量的动态视频作品。

15.3.4 即梦 AI 视频生成流程

即梦 AI 视频生成提供了 3 个功能窗口：图片生视频、文本生视频和对口型，如图 15-2 所示。

以文本生视频为例，基本操作流程包括以下步骤。

1. 输入描述词

用户首先需要在即梦 AI 的界面中输入具体的描述词。这些描述词应该详细且富有创意，描述想创作的画面内容、运动方式等。例如，用户可以输入描述词："一个 3D 形象的小男孩，穿着飞行夹克，在公园滑滑板"，如图 15-3 所示。

微课 15-3：即梦 AI 视频生成流程

2. 参数设置

在即梦 AI 中，输入描述词后，可根据需求进行参数控制，即梦 AI 提供了以下几个可调属性：运镜控制、运动速度、基础设置（包括模式选择和生成时长）、生成次数等，如图 15-4 所示。通常，用户可以根据自己的需求来选择，默认设置通常适用于大多数情况。

图 15-2　即梦 AI 视频生成的功能

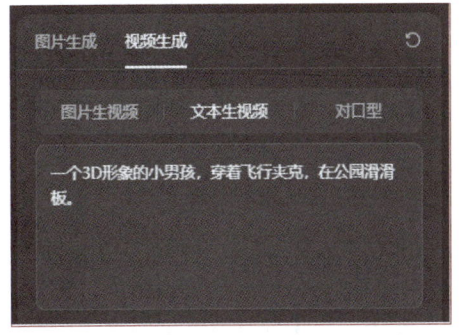

图 15-3　在"文本生视频"下方输入描述文字

图 15-4　参数设置

3. 生成视频

单击"生成视频"按钮后，即梦 AI 的后台算法会根据输入的描述词生成视频。这个过程是自动的，用户只需等待片刻。

4. 结果预览与选择

系统会按照设置的生成次数生成对应数量的视频供用户选择，用户可以浏览这些结果，挑选最符合预期的一个视频。对生成作品可以选择"重新编辑"或者"再次生成"，或者

"发布",如图15-5所示。

5. 编辑与优化

对于已经生成的视频,可以选择继续编辑和优化。即梦AI提供了"视频延长""对口型""补帧"等高级功能,如图15-6所示。

6. 高级功能

即梦AI视频生成高级功能简要介绍如下。

① 视频延长。在当前基础上延长视频的时长。

② 对口型。对于满足对口型的视频(要求有清晰的角色正脸)可以选择对口型,支持输入文本和上传本地配音,也可以选择不同音色和说话速度。

③ 补帧。补帧功能可以为当前视频添加更多帧来补充细节,从而让视频更加流畅。

④ 提升分辨率。此功能可以让视频分辨率更高,更清晰。

⑤ AI配乐。可以选择自动根据画面配乐,也可选自定义AI配乐。在自定义AI配乐中,需要设置想要的场景、流派、情感和乐器,每个选项最多选择3个标签,如图15-7所示。

图 15-5 视频生成后的左下方功能区

图 15-6 视频生成后的右下方功能区

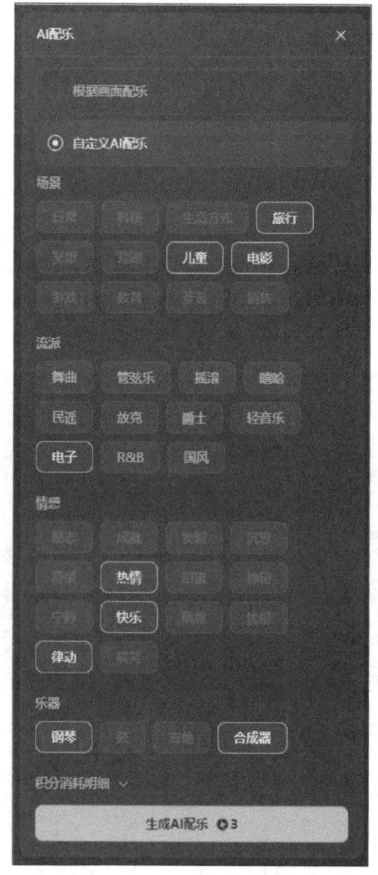

图 15-7 AI 配乐参数设置

单击"生成AI配乐"按钮后,等待一段时间,可以生成一个新的带配乐的视频。配乐片段一共有3种不同的结果供用户选择,如图15-8所示,如果对结果不满意可以继续优化标签的选择，重新生成。

图 15-8　生成 3 段带配乐的视频

7. 导出与下载

完成所有编辑后，用户可以下载视频到本地，格式为 MP4，如图 15-9 所示。

图 15-9　单击"下载"按钮可导出视频文件

15.3.5　人工智能生成视频的未来趋势

人工智能生成视频技术正处于快速发展阶段，未来几年，这一领域有望迎来更多的创新与突破。以下是几大关键趋势。

1. 更高的生成质量与实时性

随着深度学习算法的持续优化和计算能力的提升，人工智能生成视频的质量

微课 15-4：
AI 生成视频
的趋势

将进一步提高。未来,人工智能将能够生成更加逼真、细节丰富的视频内容,避免目前在生成过程中偶尔出现的失真和不自然现象。此外,生成速度将显著加快,甚至可能实现实时生成,用户能够在数秒内得到高质量的视频输出。

2. 多模态生成与个性化创作

人工智能不仅会在图像到视频的转换上表现优异,还将扩展到多模态生成领域,结合文本、音频、3D模型等多种数据类型生成内容。例如,用户输入文本描述或音频指令,人工智能即可自动生成符合描述的动态视频。这种技术将大大拓宽创作边界,使个性化视频创作更加便捷。

3. 虚拟现实(VR)与增强现实(AR)的融合

人工智能生成视频技术将与VR和AR技术深度融合。通过人工智能生成的内容可以应用于虚拟场景,构建沉浸式的视觉体验。例如,人工智能可以根据用户的历史照片生成虚拟人物,并通过AR投影到现实世界中,呈现"与过去对话"的效果。此类应用将在娱乐、教育和文化遗产保护领域产生广泛的影响。

4. 视频内容自动化生产

人工智能生成视频技术将推动内容生产自动化,目前已经有部分企业利用人工智能自动生成广告、社交媒体视频等短视频内容。未来,这类自动化生产将进一步普及,企业可以利用人工智能根据市场需求自动生成个性化、针对性强的视频内容,从而大大降低内容创作的成本和时间。

5. 增强人机协作与创意辅助

人工智能生成视频未来将更多地参与到创意过程的各个环节。人工智能不仅能够生成基础内容,还可以为人类创作者提供创意辅助。例如,人工智能可以根据用户的初步草案自动生成多个版本供用户参考,或通过智能推荐提供更符合用户风格的素材。人机协作的增强将使创作者更专注于创意本身,而非技术细节。

6. 隐私与版权保护技术的发展

随着人工智能生成视频技术的普及,如何确保隐私和版权保护将成为重要议题。未来,人们将看到更多的数字水印技术、内容验证工具和隐私保护措施与人工智能生成视频技术共同发展,确保创作者的合法权益得到保障,同时避免滥用生成技术带来的潜在风险。

通过这些趋势的演进,人工智能生成视频将不仅仅是技术工具,更是推动创意产业和视觉内容革命的核心力量。未来,人工智能生成视频将带来更为丰富和多元的应用场景,激发更多创新。

15.4 项目实施

本项目旨在利用即梦AI工具,将静态的老照片转化为生动的视频内容。即

微课 15-5:
项目实施

梦 AI 通过图像识别和处理技术，将照片中的人物或物体赋予动态效果，制作出一个有生命感的短片，重新唤醒尘封的记忆。

具体步骤包括：打开即梦 AI 工具主页、上传照片、输入描述词、调整参数、生成视频、提示词优化、下载和发布视频。该视频可以用于个人回忆记录、家庭纪念视频制作等场景。

步骤1：打开即梦 AI 工具主页

打开即梦 AI 工具的官方网站，并登录账户后进入主页，如图 15-10 所示。

图 15-10　即梦 AI 主页截图

步骤2：上传照片

在主页上选择"AI 视频"模块的"视频生成"功能，在"图片生视频"分页下单击"上传图片"，选择一张希望制作成动态效果的老照片，如图 15-11、图 15-12 所示。

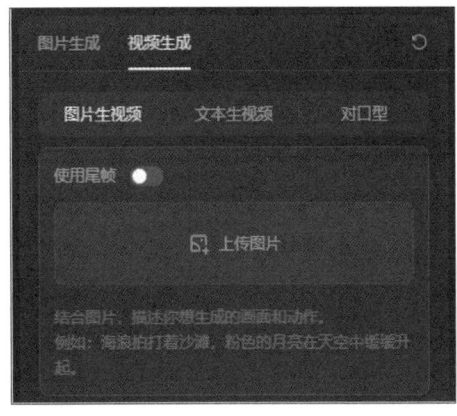

图 15-11　照片上传页面截图

图 15-12　成功上传的图片会显示在此处

步骤3：输入描述词

结合图片内容，在图片下方的文本框中描述想生成的画面和动作，以图15-12为例，可填写以下描述语："在中国农村，一位中国老人正在开心地抱着一个小婴儿，老人看向婴儿，微笑着点头，身体微微晃动，婴儿在伸手，表情天真又疑惑"，如图15-13所示。

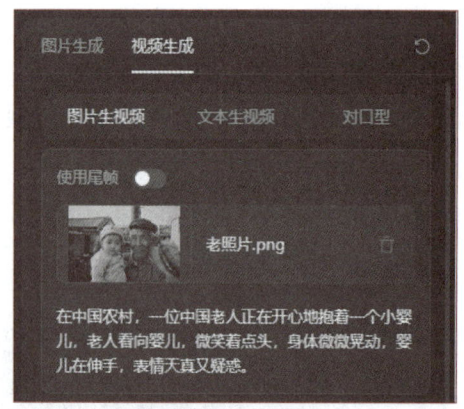

图 15-13　输入描述词

步骤4：调整参数

输入描述词后，可根据需求调整参数，即梦AI提供了运镜控制、运动速度、基础设置（模式选择和生成时长）、生成次数等几个可调参数。在本项目中，可以将以上参数调整为：运镜控制，变焦推进·小；运动速度，适中；模式选择，标准模式；生成时长，3 s；如图15-14、图15-15所示。

图 15-14　运镜控制—变焦推进·小

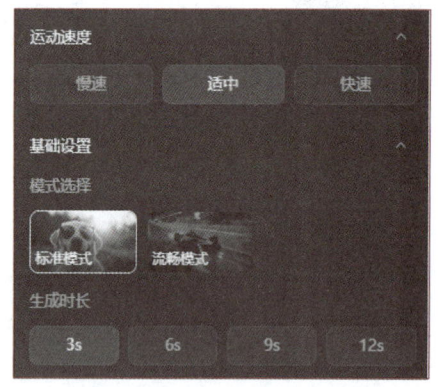

图 15-15　运动速度、基础设置具体参数

步骤5：生成视频

确认图片、描述词和参数后，单击页面左下方"生成视频"按钮，等待数秒系统将自动生成视频，如图15-16所示。当光标移动至视频画面时，将自动播放视频，查看生成效果，如图15-17所示。

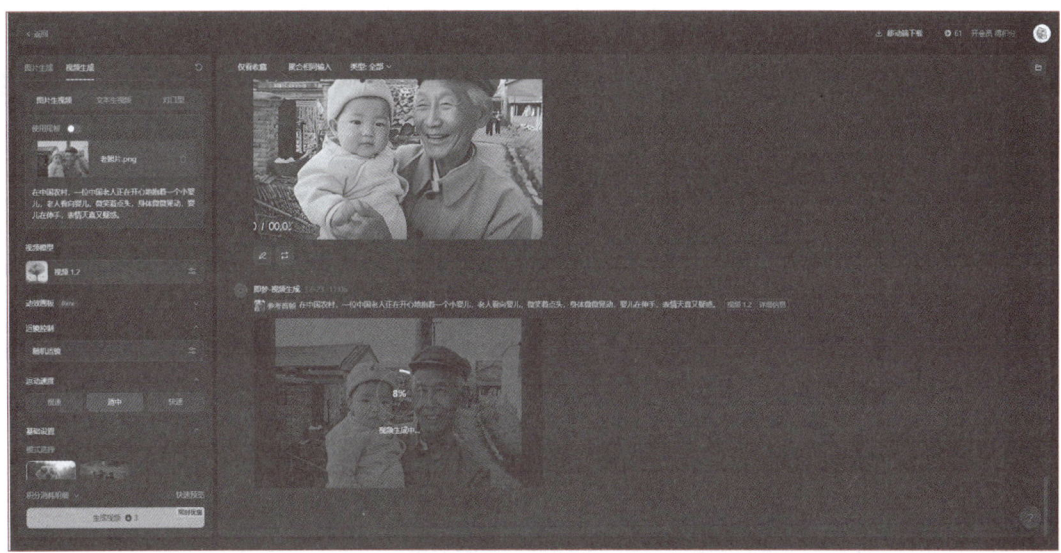

图 15-16 "生成视频"按钮和视频生成页面

图 15-17 光标移至视频画面时将自动播放

步骤6：提示词优化

视频生成后，如果对生成的结果不满意，可以再次单击"生成视频"按钮，也可以继续优化提示词，添加更多描述细节，使生成结果更精准具体。

比如把当前提示词扩充为："在中国农村，一位中国老人正在开心地抱着一个小婴儿，老人转头看向婴儿，微笑着点头，身体微微晃动，婴儿伸出右手，握着拳头，看向老人，表情天真又疑惑"，如图15-18所示。

再次单击"生成视频"按钮，可得到新的生成结果。如图15-19所示，视频动态效果变得更加生动和具体了。

图 15-18　在原有提示词基础上进一步扩充

图 15-19　优化提示词后得到的视频画面

步骤7：下载和发布视频

单击视频画面右上角的"下载"按钮，即可将生成的视频文件下载至本地，如图15-20所示。

单击视频画面左下角的"上传"按钮后，在打开的页面中输入"作品描述"，即可将视频发布至即梦AI官方平台，如图15-21、图15-22所示。

图 15-20　视频下载按钮

图 15-21　视频上传

图 15-22　在"作品描述"中输入文字后发布

通过即梦 AI 生成的动态视频，可以在家庭聚会上展示，或者上传到社交媒体平台，与亲友分享这段被重新唤起的记忆。也可以邀请其他同学分享他们制作的视频，进行交流和讨论。

15.5　项目拓展

在掌握了基本操作后，同学们可以尝试制作更多的动态视频项目，例如将家庭相册制作成纪念视频，或者通过即梦 AI 将老电影片段进行再创作，赋予新的生命和意义。

15.6　项目小结

在本项目中，小明通过选择即梦 AI，成功将长辈的静态老照片转化为生动的动态视频，完成了对家庭记忆的重现。即梦 AI 凭借其强大的图像识别技术和简便的操作流程，帮助他在视频制作中取得了令人满意的效果。

在操作过程中，小明不仅学习了如何优化照片选择和动效设置，还掌握了视频生成中的关键技术参数，如帧率、分辨率等。同时，通过对人工智能生成视频技术发展和工具的深入了解，使他对未来人工智能视频技术的应用前景有了更清晰的认识。

15.7　项目练习

一、选择题

1. 帧率（FPS）通常设置为（　　）可以保证视频有较好的流畅度。

  A. 10 FPS   B. 24 FPS   C. 50 FPS   D. 1 FPS

2. 在选择有人物的照片进行视频生成时，以下（　　）不是推荐的选择标准。

  A. 人物面部清晰   B. 背景复杂多变

  C. 照片分辨率高   D. 照片保存状况良好

3. 在即梦AI中，生成视频的步骤不包括以下（　　）。

  A. 上传图片   B. 输入描述词   C. 调整参数   D. 手动绘制动画

4. 在使用AI工具生成视频时，以下哪项技巧是不正确的？（　　）

  A. 选择高质量的照片或素材，以提高生成效果的自然度

  B. 选择与素材情感相符的动效与表情，以增强视频的情感表达

  C. 适当提高帧率可以使动作显得更加平滑，尤其是在复杂动作场景中

  D. 选择较低的分辨率以减少视频文件的大小，从而加快视频的生成速度

5. 如果对人工智能生成的视频效果不满意，应该怎么做？（　　）

  A. 放弃使用AI工具   B. 优化描述词并重新生成

  C. 降低视频的帧率   D. 使用其他非AI工具

二、填空题

1. _____决定视频的流畅度，常见设置为24帧每秒或30帧每秒，越高的帧率意味着更平滑的画面。

2. 在使用人工智能生成视频时，需要输入具体的_____，以指导人工智能生成符合预期的画面内容和动作效果。

3. _____功能可以为当前视频添加更多帧来补充细节，从而让视频更加流畅。

三、操作题

尝试使用即梦AI的"对口型"功能，自行设计台词，让视频中的人物开口说话。

项目16 让历史文物活灵活现

16.1 项目描述

小华是一名历史系的学生,对古代文物有着浓厚的兴趣。在一次参观博物馆时,她被一件古代舞蹈俑深深吸引,想象着如果这些文物能够"活"起来,展现出它们当年的风采,那将是多么奇妙的体验。因此,她决定尝试利用现代人工智能技术,将这些静态的文物通过视频展现出动态的舞蹈动作。

16.2 项目分析

在这个项目中,可以使用可灵AI平台制作文物舞蹈视频,通过可灵提供的运镜控制功能可以精细地控制文物模型的肢体动作,从而达到更符合需求、更自然灵动的视频效果。

16.3 相关知识

微课 16-1:
可灵 AI 平台
介绍

16.3.1 可灵 AI 平台介绍

可灵(Kling)是由快手大模型团队自研打造的视频生成大模型,现已支持文生视频、图生视频、视频续写、运镜控制、首尾帧等多个功能,让用户轻松高效地完成艺术视频创作。

16.3.2 可灵 AI 视频功能介绍

可灵 AI 平台的 AI 视频模板分为文生视频和图生视频两大功能,如图 16-1 所示。

图 16-1 文生视频和图生视频

1. 文生视频

输入一段文字，可灵大模型根据文本表达生成5 s或10 s视频，将文字转换为视频画面。现已支持"标准"与"高品质"两种生成模式，标准模式生成速度更快，高品质模式画面质量更佳；可灵同时支持16:9、9:16与1:1 3种画幅比例，更多元满足用户的视频创作需求。

在上个项目中已经知道，提示词作为文生视频大模型最主要的交互语言，将直接决定了模型返回的视频内容，可灵官方也提供了提示词公式，可供参考。括号里的内容为选填内容。

提示词＝主体(主体描述)+运动+场景（场景描述）+（镜头语言+光影+氛围）

① 主体。主体是视频中的主要表现对象，是画面主题的重要体现者，如人、动物、植物，以及物体等。

② 主体描述。对主体外貌细节和肢体姿态等的描述，可通过多个短句进行列举。如运动表现、发型发色、服饰穿搭、五官形态、肢体姿态等。

③ 运动。对主体运动状态的描述，包括静止和运动等，运动状态不宜过于复杂，符合5 s视频内可以展现的画面即可。

④ 场景。场景是主体所处的环境，包括前景、背景等。

⑤ 场景描述。对主体所处环境的细节描述，可通过多个短句进行列举，但不宜过多，符合5 s视频内可以展现的画面即可，如室内场景、室外场景、自然场景等。

⑥ 镜头语言。是指通过镜头的各种应用以及镜头之间的衔接和切换来传达故事或信息，并创造出特定的视觉效果和情感氛围，如超大远景拍摄、背景虚化、特写、长焦镜头拍摄、地面拍摄、顶部拍摄、航拍、景深等。（注意：这里与运镜控制作区分）

⑦ 光影。光影是赋予摄影作品灵魂的关键元素，光影的运用可以使照片更具深度，更具情感，用户可以通过光影创造出富有层次感和情感表达力的作品，如氛围光照、晨光、夕阳、光影、丁达尔效应、灯光等。

⑧ 氛围。对预期视频画面的氛围描述，如热闹的场景、电影级调色、温馨美好等。

以上公式最核心的构成就是主体、运动和场景，这也是描述一个视频画面最简单、最基本的单元。当用户希望更细节地描述主体与场景时，只需要通过列举多个描述词短句，保持Prompt中希望出现要素的完整性即可，可灵会根据用户的表达进行提示词扩写，生成符合预期的视频。

如"一只大熊猫在咖啡厅里看书"，用户可以增加主体和场景的细节描述，优化为"一只大熊猫戴着黑框眼镜在咖啡厅看书，书本放在桌子上，桌子上还有一杯咖啡，冒着热气，旁边是咖啡厅的窗户"，这样可灵生成的画面会更具体可控。如果想要增加一些镜头语言和光影氛围，也可以尝试"镜头中景拍摄，背景虚化，氛围光照，一只大熊猫戴着黑框眼镜在咖啡厅看书，书本放在桌子上，桌子上还有一杯咖啡，冒着热气，旁边是咖啡厅的窗户，电影级调色"，这样生成的视频质感会进一步提升，有可能会得到超出预期的结果，见表16-1。

表 16-1 "熊猫看书"案例的效果对比

提示词	一只大熊猫在咖啡厅看书	一只大熊猫戴着黑框眼镜在咖啡厅看书，书本放在桌子上，桌子上还有一杯咖啡，冒着热气，旁边是咖啡厅的窗户	镜头中景拍摄，背景虚化，氛围光照，一只大熊猫戴着黑框眼镜在咖啡厅看书，书本放在桌子上，桌子上还有一杯咖啡，冒着热气，旁边是咖啡厅的窗户，电影级调色
生成效果截图			

通过以上3个生成结果的对比，可以看出当描述更具体和丰富时，生成的效果也会更好，当然公式的意义在于帮助用户更好地描述想要的视频画面，用户也同样可以尽情发挥想象力，不被公式限制，去自由大胆地与可灵交流，可能会有更加惊喜的结果。

2. 图生视频

输入一张图片，可灵大模型根据对图片的理解生成5 s或10 s视频，将图片转变为视频画面；输入一张图片加文本描述，可灵大模型根据文本表达将图片生成一段视频。现已支持"标准"与"高品质"两种生成模式，以及16∶9，9∶16与1∶1 3种画幅比例，更多元地满足用户的视频创作需求。

对图生视频来说，控制图像中的主体运动是核心，可灵AI提供了以下公式，可供参考。

提示词＝主体＋运动（背景＋运动）

① 主体。画面中的人物、动物、物体等主体。

② 运动。指目标主体希望实现的运动轨迹。

③ 背景。画面中的背景。

以上公式最核心的构成是主体和运动，与文生视频不同，图生视频已经有了场景，因此只需要描述图像中的主体与希望主体实现的运动，如果涉及多个主体的多个运动，依次列举即可，可灵AI会根据表达的内容与对图像画面的理解进行提示词扩写，生成符合预期的视频。

如果想要"让画中的蒙娜丽莎戴上墨镜"，当只输入"戴墨镜"时，模型较难理解指令，可能会通过模型自己的判断进行视频生成，当可灵AI判断这是一幅画时，可能会生成具有运镜的效果的画幅展览，这也是照片类的图片容易生成静止不动视频的原因（不要上传带有相框的图片）。

因此，需要通过描述"主体＋运动"来让模型理解指令，如"蒙娜丽莎用手戴上墨镜"，或者对于多主体"蒙娜丽莎用手戴上墨镜，背景出现一道光"，模型会更容易响应，见表16-2。

表 16-2 "蒙娜丽莎戴墨镜"案例的效果对比

原图	提示词	
	蒙娜丽莎用手戴上墨镜	蒙娜丽莎用手戴上墨镜，背景出现一道光

3. 运动笔刷功能

运动笔刷功能，即上传任意一张图片，用户可以在图片中通过"自动选区"功能或者"涂抹"功能对某一个区域或主体进行选中，添加运动轨迹，同时输入符合预期的运动提示词(主体+运动)，单击生成后模型将为用户生成添加指定运动后的图生视频结果，以此来控制特定主体的运动表现，补足进阶的图生视频可控生成。

运动笔刷功能作为图生视频更强的可控生成能力，可以进一步按照意愿生成期望的区域或主体的指定运动，比如图生视频比较难实现的"球类运动"，以及对"人物/动物转向和行走路线"的生成等，支持6种主体和轨迹的同时设置。另外，可灵AI支持"静态笔刷"功能，用静态笔刷涂抹后，模型将固定涂抹区域的像素点，避免运镜发生，如果不希望运动轨迹可能引起的镜头运动，可以在图片底部添加静态笔刷。

运动笔刷功能使用示例见表16-3。

表 16-3 运动笔刷使用示例

输入文字提示	输入原始图片	操作图片
帆船在海上缓慢行驶，大海泛起波浪		
小草被风吹动，两只狗向不同方向转头看向远方		

16.3.3　可灵AI视频生成流程

以图生视频为例,包含以下流程。

1. 上传图片
用户首先需要在可灵AI的界面中上传具体的图片。

2. 输入描述词
结合图片内容,在图片下方的输入框中描述想生成的画面和动作,例如:"古代舞蹈俑在宫殿中优雅起舞,身着传统服饰,手持丝巾,随着古典音乐的节奏旋转和跳跃。"

3. 参数设置
在可灵AI中,输入描述词后,可根据需求进行参数控制,包括运镜控制、运动速度、基础设置(模式选择和生成时长)、生成次数等。

4. 生成视频
单击"生成视频"按钮后,可灵AI的后台算法会根据输入的描述词生成视频。这个过程是自动的,用户只需等待片刻。

5. 结果预览与选择
系统会按照设置的生成次数生成对应数量的视频供用户选择,用户可以浏览这些结果,挑选最符合预期的一个视频。

6. 编辑与优化
对于已经生成的视频,可以选择继续编辑和优化,可灵AI提供了以下高级功能。
① 视频延长。在当前基础上延长视频的时长。
② 对口型。对于满足对口型的视频可以选择对口型,支持输入文本和上传本地配音。
③ 补帧。补帧功能可以为当前视频添加更多帧来补充细节,从而让视频更加流畅。
④ 提升分辨率。此功能可以让视频分辨率更高,更清晰。
⑤ AI配乐。可以选择自动根据画面配乐,也可选择自定义AI配乐。

7. 导出与下载
完成所有编辑后,用户可以下载视频到本地,格式为MP4。

16.4　项目实施

微课16-3:
项目实施

本项目旨在利用可灵AI工具,将静态的古代舞蹈俑图片转化为生动的舞蹈视频内容。具体步骤包括:访问可灵AI工具、上传图片、使用图片生成视频、输入描述词、使用运动笔刷控制画面、导出结果。该视频可以用于教育、文化传播等场景。

步骤1:访问可灵AI工具

访问可灵AI工具的官方网站,登录账户后进入主页,如图16-2和图16-3所示。

图 16-2　可灵 AI 官网

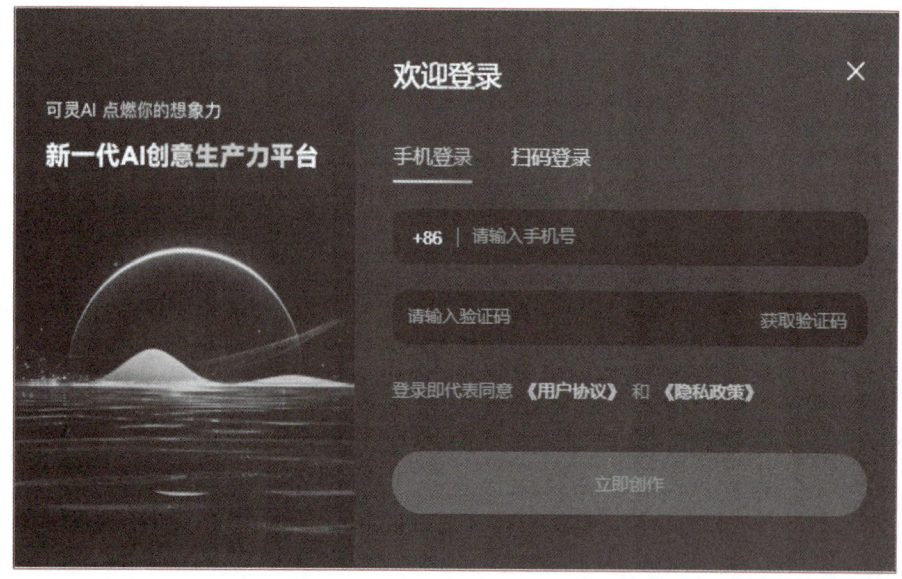

图 16-3　使用手机登录或扫码登录（快手 App 扫码）

步骤 2：上传图片

在主页上选择"AI 视频"模块的"图生视频"功能，在"图片及创意描述"选框下单击按钮即可上传图片，选择一张希望制作成舞蹈效果的文物图片，也可以先使用可灵的 AI 图片功能生成想要的图片，如图 16-4 所示。

比如输入提示词"一个全身的三星堆人形铜器，站在地上，背景是一个博物馆"，单击"立即生成"按钮，等待一段时间后，即可看到生成结果。

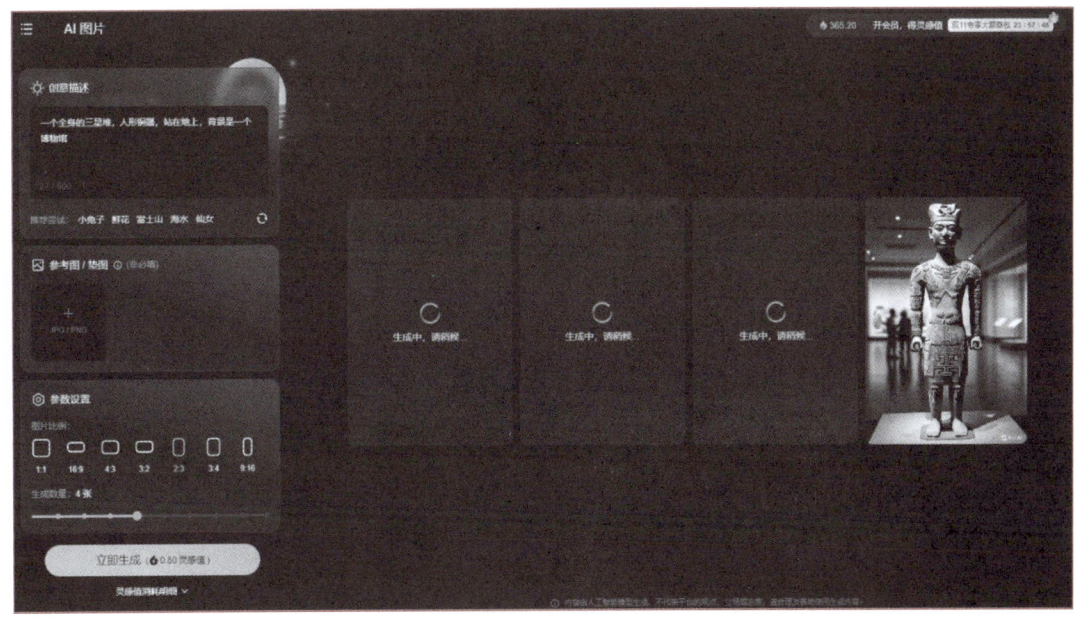

图 16-4　用可灵 AI 图片功能生成三星堆图片

步骤3：使用图片生成视频

选择喜欢的一张图片后，单击该图片，再单击图片下方的"生成视频"按钮，即可跳转至图生视频界面，如图16-5所示。

图 16-5　图片下方的"生成视频"按钮

步骤4：输入描述词

在"图片创意描述"栏下方输入描述词，如"三星堆人形青铜器在跳广场舞，欢快的表情和动作"，单击下方的"立即生成"按钮，等待一段时间后可以看到生成结果，如图16-6所示。

步骤5：使用运动笔刷控制画面

如果对生成的效果不满意，可以使用更高级的功能来优化视频控制。比如使用可灵AI的"运动笔刷"工具，自行选择要控制的画面部分和运动轨迹。例如在当前项目中，将三星堆人形青铜器的两只胳膊以及头部分别设置为一个独立的区域，为它们设置不同的运动轨迹，来组合为最终的动态效果。

首先要切换到可灵1.0模型（1.5模型暂不支持此功能），再单击下方"运动笔刷"按钮，即可打开编辑页面，如图16-7所示。

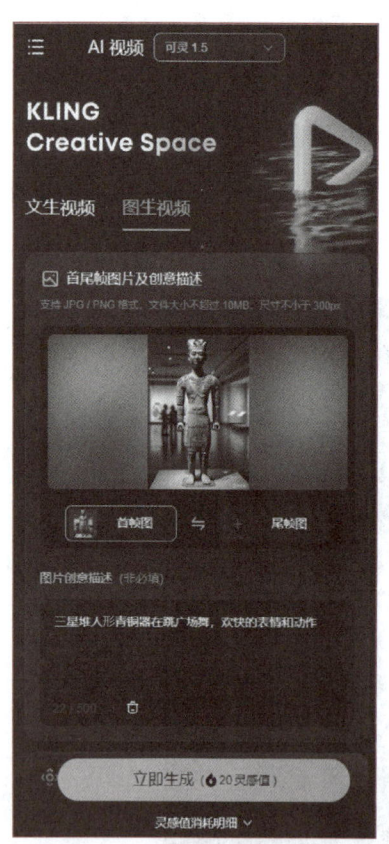

图 16-6　输入描述词后单击"立即生成"按钮

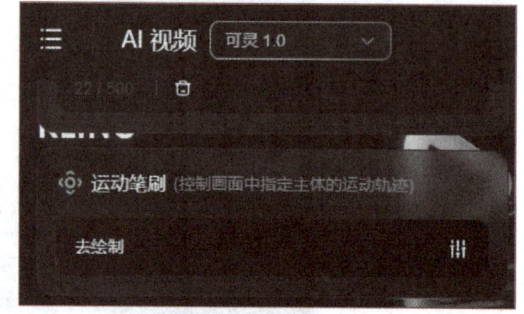

图 16-7　可灵 1.0 模型的运动笔刷功能

在运动笔刷编辑界面，单击"区域"按钮绘制3个区域，分别涂抹三星堆人形青铜器的两只胳膊和头部，再单击"轨迹"按钮绘制运动轨迹。最后单击右下角的"确认添加"按钮即可完成运动笔刷的参数控制，如图16-8所示。

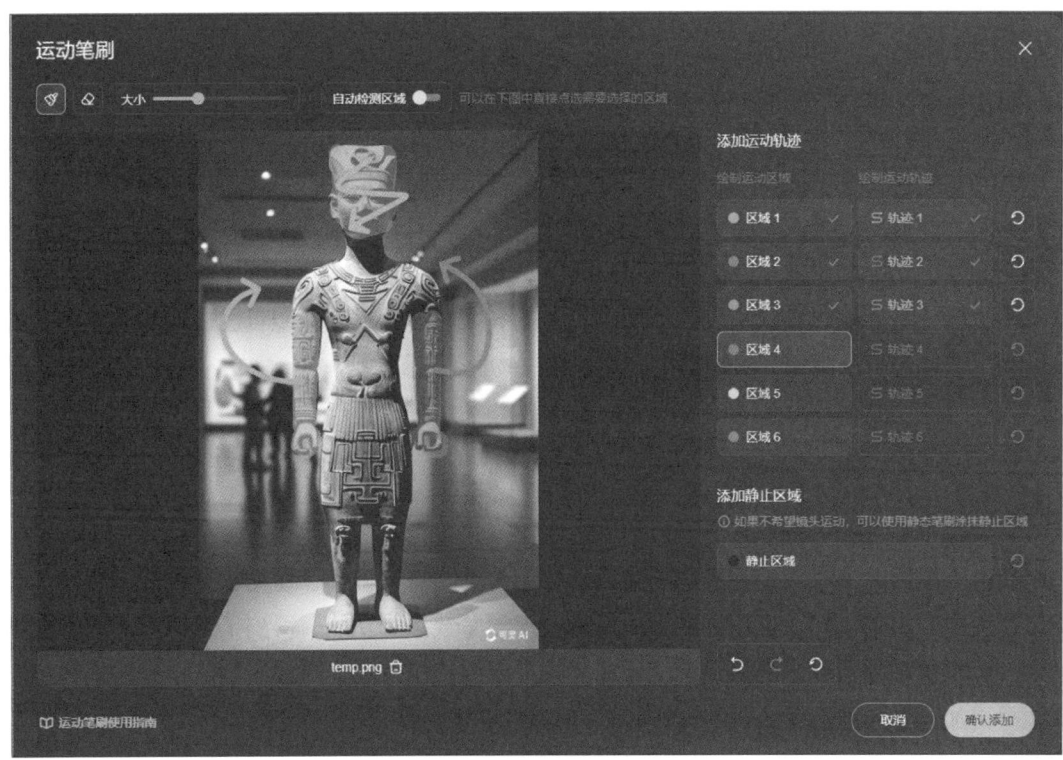

图 16-8　运动笔刷编辑界面

编辑好运动笔刷的区域和轨迹后,再次单击"立即生成"按钮,等待一段时间后可查看添加运动笔刷后的生成效果,如图16-9所示。

图 16-9　添加运动笔刷后生成的视频截图

步骤6：导出结果

单击生成结果右下角的"下载"按钮可将视频下载到本地保存。

16.5 项目拓展

在掌握了基本操作后，可以尝试使用更多的高级功能，或者按照自己喜欢的动作重新绘制运动笔刷，也可以尝试"对口型"功能，让文物边唱边跳。

16.6 项目小结

通过本项目，小华成功将静态的文物转化为生动的舞蹈视频，使文物变得活灵活现。在操作过程中，小华学习了运动笔刷等更精细的视频参数控制功能，得到了更符合需求的视频结果，同时也掌握了更多的人工智能生成视频平台的使用方法，对人工智能生成视频的技能掌握得更加得心应手。

16.7 项目练习

一、选择题

1. 文生视频功能中，提示词的核心组成是（　　）。
   A. 场景和光影　　　　　　　　　B. 主体、运动和场景
   C. 背景和氛围　　　　　　　　　D. 画面比例和分辨率
2. 图生视频时，提示词中需要特别描述的是（　　）部分。
   A. 主体和运动　　　　　　　　　B. 主体和光影
   C. 背景和场景　　　　　　　　　D. 分辨率和镜头语言
3. 使用以下（　　）功能可以实现对图生视频中特定区域的运动控制。
   A. AI优化　　　　　　　　　　　B. 视频延长
   C. 运动笔刷　　　　　　　　　　D. 对口型
4. AI生视频中视频延长功能的主要作用是（　　）。
   A. 提升视频的清晰度　　　　　　B. 延长视频的时长
   C. 增强运动轨迹的范围　　　　　D. 增加更多的特效
5. 以下（　　）是文生视频提示词优化的正确做法。
   A. 简单描述主体动作　　　　　　B. 增加光影和镜头语言细节
   C. 使用默认提示词　　　　　　　D. 删除提示词中的运动描述

二、填空题

1. 图生视频提示词的核心要素包括_____和_____。
2. 可灵 AI 提供了"_____"功能，用于控制特定区域的运动轨迹。
3. _____是指通过镜头的各种应用以及镜头之间的衔接和切换来传达故事或信息，并创造出特定的视觉效果和情感氛围。

三、操作题

制作一段"动态博物馆之旅"视频，尝试更多高级功能。可参考以下步骤。

① 上传素材。选择一张清晰的博物馆内景图片，作为静态背景图。

② 描述内容。在提示词框中输入提示词："一位导游走过博物馆，讲解文物背景，背景墙上的文物逐渐亮起光芒，整个场景充满神秘感。"

③ 使用运动笔刷。为背景墙上的几个文物区域分别绘制运动轨迹，设置它们依次"发光"并伴随导游进行移动。

④ 对口型功能。为导游设置对口型动作，输入配音文本："欢迎来到博物馆，今天我们将参观马王堆文物展。"

⑤ 高级设置。将生成模式调整为"高品质"，设置帧率为 30 FPS，视频时长 10 s，画幅比例 16∶9。

⑥ 生成视频：单击"生成视频"按钮，预览并优化结果后下载到本地。

参考文献

[1] 蔡自兴，蒙祖强，陈白帆. 人工智能基础[M]. 4版. 北京：高等教育出版社，2021.

[2] 王万良. 人工智能导论[M]. 5版. 北京：高等教育出版社，2020.

[3] 何琼，楼桦，周彦兵. 人工智能技术应用[M]. 北京：高等教育出版社，2020.

[4] 张玉玲，李梅. 基于人工智能的信息技术基础[M]. 北京：高等教育出版社，2024.

[5] 黄源，张莉. AIGC基础与应用[M]. 北京：人民邮电出版社，2024.

[6] 杨竹青. 新一代信息技术导论（微课版）[M]. 2版. 北京：人民邮电出版社，2024.

[7] 焦李成. 人工智能通识基础[M]. 北京：人民邮电出版社，2024.

[8] 余明辉. 信息技术与人工智能基础[M]. 北京：人民邮电出版社，2023.

[9] 李媛媛，万卫兵，张红兵，等. 人工智能技术与行业应用[M]. 北京：清华大学出版社，2024.

[10] 牟怡. 传播的跃迁：人工智能如何革新人类的交流[M]. 北京：清华大学出版社，2024.

[11] 郭哲滔，任宇翔. 人工智能新时代：核心技术与行业赋能[M]. 北京：清华大学出版社，2024.

[12] 王世峰，李健，成亚玲. 信息技术基础（WPS Office）[M]. 北京：高等教育出版社，2023.

郑重声明

高等教育出版社依法对本书享有专有出版权。任何未经许可的复制、销售行为均违反《中华人民共和国著作权法》，其行为人将承担相应的民事责任和行政责任；构成犯罪的，将被依法追究刑事责任。为了维护市场秩序，保护读者的合法权益，避免读者误用盗版书造成不良后果，我社将配合行政执法部门和司法机关对违法犯罪的单位和个人进行严厉打击。社会各界人士如发现上述侵权行为，希望及时举报，我社将奖励举报有功人员。

反盗版举报电话　（010）58581999　58582371
反盗版举报邮箱　dd@hep.com.cn
通信地址　北京市西城区德外大街4号　高等教育出版社知识产权与法律事务部
邮政编码　100120

读者意见反馈

为收集对教材的意见建议，进一步完善教材编写并做好服务工作，读者可将对本教材的意见建议通过如下渠道反馈至我社。

咨询电话　400-810-0598
反馈邮箱　gjdzfwb@pub.hep.cn
通信地址　北京市朝阳区惠新东街4号富盛大厦1座　高等教育出版社总编辑办公室
邮政编码　100029

资源服务提示

授课教师如需获取本书配套教辅资源，请登录"高等教育出版社产品信息检索系统"（xuanshu.hep.com.cn）搜索下载，首次使用本系统的用户，请先进行注册并完成教师资格认证。